생활 속 수학의 기적

신기하고 재밌는 생활 속 수학원리 64가지!

알브레히트 보이텔슈파허 · 김태희 옮김

생활 속
수학의
기적

황소자리

| 일러두기 |

● 이 책은 2007년에 출간된 독일어판을 원본으로 삼았다. 2007년 이후에 이루어진 수학적 발견에 대해서는 수용하지 못했음을 밝혀둔다.

누가 수학을 두려워하랴

모든 학문은 수학을 흠모한다.

세계가 수로 이루어져 있다고 설파했던 고대 그리스의 신비한 철학자 피타고라스에서 시작하여, 기하학을 할 줄 모르는 자는 아카데미아의 문턱도 넘어서지 말라고 경고했던 엄격한 플라톤을 거쳐, 오랜 세월이 흘러 이제 수학을 새로운 학문의 규준으로 삼았던 근대 철학의 시조 데카르트에 이르기까지, 수학은 모든 학문이 따라야 하는 엄밀한 방법론의 유일무이한 모범으로서 그 정밀한 연역적 체계를 펼쳐 보여주었다. 그리고 이제 인간이 우주 공간을 누비는 이 경이로운 과학기술의 시대에 수학은 과학기술의 토대로서 현대라는 거대한 구조물을 그 배후에서 탄탄하게 지탱하고 있다.

그러나 수학은 한편 두려움의 대상이다. 그 두려움은 수학이 지니는 혹은 수학이 지닌다고 우리가 생각하는 특성들에서 기인한다. 그것은 수학의 막강한 힘이고 불가해함이다.

사물의 본성과 가치를 수를 통해 측정하고 수로 환원하는 양적 세계관은 근대 이후 과학기술이 지배하는 이 세계의 특징이라고 할 수 있다. 하지만 피타고라스가 그러한 것처럼 음의 높이가 수와 대응한다고 해서 바흐의 아름다운 선율이 주는 희열이 수로 계량될 수는 없을 것이고, 저 깊은 하늘의 푸르름을 빛의 파장의 길이로 양화할 수 있다고 해서 그 아름다운 색이 지니는 독자적인 질과 가치가 양과 수로 모두 환원될 수는 없을 것이다.

　세계가 두 번째 세계대전의 광풍으로 한 걸음씩 다가가던 20세기 전반기, 서구 문명의 위기를 간파했던 독일의 어느 철학자는 그 위기의 근원적 원인이 수학에 기초한 실증주의적 사고방식에 의해 우리의 근원적인 삶의 세계가 침범당하고 있기 때문이라고 갈파했다. 그것이 수학과 그에 기초한 과학기술이 우리에게 안겨주는 하나의 두려움이다.

　다른 한편 우리는 수학의 정밀한 체계와 무궁무진한 유용성에 삼가 경의를 표한다고 하더라도, 수학의 불가해함 앞에서 두려워한다. 학교 졸업 후 여러 해가 지나도록 학창시절 수학 시험을 보는 악몽을 꾸곤 하는 많은 문외한들에게 수학은 그 깊이를 알지 못하는 심연이고 그 정체를 알 수 없는 어떤 괴물과 같다. 현대의 모든 체계를 지배하는 무소불위의 권능인 수학, 그러나 우리가 이해할 수 없는 어떤 것이 세상의 배후에서 모든 것을 움직이고 있다는 그 느낌을 우리는 두려움이라고 부를 수 있을 것이다.

　자, 그리고 여기 이 책이 있다. 우리와 같은 평균적인 현대인들에게 이 책의 저자는 수학이 실은 그렇게 무시무시한 것만은 아니라는 점을 설득하고자 한다. 저자가 펼치는 설득의 전략은 수학이 우리가 생각하는 것처럼 그렇게 멀리 있거나 보이지 않는 곳에 숨어 있는 것이 아니라, 친숙한 일상 속 어디에나 편재해 있으며 약간의 지식과 관심만 있다면 얼마든지 수학을 즐길 수 있음을 보여주는 것이다.

독일의 대학 강단과 연구소 등에서 두루 활동한 전문적인 수학자이면서 다수의 교양 저서를 쓰고 수학 박물관을 운영하는 등 일반인에 대한 수학 교육에 앞장서온 이 책의 저자는 비전문가에게 수학을 흥미진진하고 이해하기 쉽게 묘사하는 보기 드문 재능을 지녔다. 그는 푸석푸석 메마른 전문용어와 수학 공식들을 통해서가 아니라, 삶 속에서의 소소한 이야기들, 종종 자신의 부인과 두 아이 크리스토프와 마리아가 등장하는 정감 있는 이야기들을 통해서 우리 앞에 수학의 세계를 펼쳐 보이고 있다.

이 책에서 저자가 다루는 스펙트럼은 폭넓고 다양하다. 축구공이나 뫼비우스의 띠, 위성안테나나 목걸이나 박물관, 벌집이나 매미나 로또나 바코드, 만화경이나 지문이나 마방진, 그리고 해바라기 씨들의 배열과 같은 일상적인 사물들을 통해 저자는 본격적인 수학의 세계로 독자들을 인도한다. 또한 때로는 1, 2, 3, 4, 40과 같은 수들을 가지고 혹은 무한에 대한 흥미로운 철학적 담론을 통해 수학이 지니는 깊이를 보여준다.

이 책을 읽기 위해서는 특별히 깊이 있는 수학적 예비지식이 필요하지 않다. 다만 약간의 호기심이면 충분하다. 반드시 순서에 따라서 읽을 필요도 없이 가벼운 마음으로 내키는 대로 책을 뒤적이다 보면, 마지막 장을 덮을 때 자기도 모르는 사이에 수학에 대해 많은 것을 배웠다는 사실을 깨달을 수 있다.

이 탁월한 저자의 이야기를 따라가다 보면, 수학이 우리와는 동떨어진 불가해한 체계인 것만은 아니라는 사실을 깨달을 수 있다. 그것이 저자가 이 책을 읽는 독자들에게 원하는 바일 것이니 저자의 전략은 상당히 성공적이다. 그렇다면 우리는 이제 수학에 대한 막연한 두려움에서 벗어나서, 오히려 냉정한 시선으로 수학이, 그리고 그것을 기초로 하는 현대의 과학기술 중심의 세계관이 우리 삶의 세계에서 어떠한 가치를 지니고 있고 어떠한 의미를 가져야 하는지에 대해 한 번쯤 돌이켜볼 수 있지 않을까.

2008년 가을,
역자 김태희

지금도 또렷이 기억한다. 2000년 초여름 나는 〈빌트 데어 비센샤프트*Bild der Wissenschaft*〉 지의 편집장 볼프강 헤스의 초대를 받았다. 내게는 젊은 시절 꿈이 이루어지는 순간이 있다. 어린시절 나는 〈빌트 데어 비센샤프트〉를 열심히 읽었고 그 당시 나의 여러 꿈 중에는 언젠가 이 잡지에 글을 쓰는 것도 포함되어 있었다.

이날의 만남을 통해 우리는 서로에 대해 알게 되었고, 그 뒤로 모든 일들은 저절로 굴러갔다. 볼프강 헤스는 이마에 주름을 지으며 잠시 숨을 멈추더니 무방비 상태인 나에게 정력적으로 말했다.

"우리 잡지에 실리는 수학 칼럼이라는 게 거의 주사위 노름 같은 것들뿐이에요. 그게 제 마음에 들지 않아요. 그러나 당신이 그러한 유형의 칼럼을 꼭 쓰고 싶다면 뭐, 저로서는 좋습니다."

그것은 내가 살아오면서 분명하게 느꼈던 기회들 중 하나였다. 그래, 이 기회를 붙잡아라! 그리고 제대로 말해라! 한 마디만 잘못하면 너는 끝장이다.

시간을 벌기 위해 나는 나를 믿고 이러한 제안을 해준 헤스 씨에게 감사를 전했다. 그러는 동안 주사위 노름 같은 내용을 써도 좋다는 그의 제안을 내가 받아들여야 할지 고민했다(중요한 것은 내가 칼럼을 쓸 수 있다는 것이다!). 그러나 나는 결심했다.

"친애하는 헤스 씨, 새로운 것을 시험하려는 마음이 진심이라면, 정말로 획기적인 무언가를 써보도록 하지요. 기왕 일을 하는데 제대로 해야지요!"

그는 아무 말도 하지 않은 채 내 이야기를 듣기만 했다. 나는 아주 사적인 칼럼을 쓸 수 있을 거라고 말했다. 그러니까 어떤 사실이 '객관적으로' 제시되는 텍스트가 아니라, 나의 (진짜이건 허구이건) 일상적 체험을 녹여낸 텍스트들이 될 것이다. 그 모범으로 나는 볼프람 지벡과 악셀 하케를 거명했다.

그러자 헤스 씨의 이마가 펴졌다. 그리고 우리는 새 칼럼의 구도를 확고하게 잡을 수 있었다. 딱 한 페이지면 충분하다. 단 한 줄도 넘지 않게 한다. 하나의 칼럼마다 테마를 보여주는 사진을 한 장씩 싣는다. 공식은 넣지 않는다.

그리고 연재가 시작되었다. 시작할 때 이미 내게는 상당한 양의 소재들이 준비되어 있었지만, 칼럼을 정기적으로 쓰는 일은 이내 부담스러운 과제가 되었다. 예전에 나는 한 달은 충분히 긴 시간이라고 생각했다. 그러나 다음 달은 생각보다 빨리 온다는 사실을 깨달았다. 칼럼이 나오지 않는 달에는 분노와 실망의 편지들이 내게 도

착했다.

　이 책은 그 칼럼들을 모은 것이다. 초창기에 일상 세계를 수학으로 설명할 수 있는 객관적 고리들을 찾으려 애쓰던 나는 연재가 계속되면서 나의 가족과 친구들을 등장시키는 생활 속 이야기들로 소재를 넓혀갔다. 이 책의 제목이 《생활 속 수학의 기적》으로 정해진 건, 그러므로 너무나 당연하다.

　　　　　　　독일 기센에서, 알브레히트 보이텔슈프라허

생활 속 수학의 기적

차례

수학은 살인이다 1강

자, 여기 적힌 답이 틀린 것은 삼 척동자도 알고 있다. 혹시, 맞는 답은 아닐까? 수학자들은 이런 일 들로 우리를 놀라게 한다.

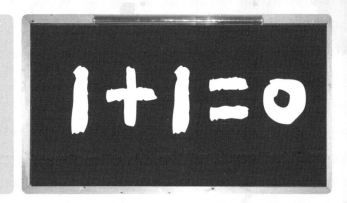

　　　　　수학자로서의 내 연구에 대해 우리 가족이 언제나 인정을 해주는 것은 아니다. 그리고 나는 거기에 익숙해져 있다. 하지만 때때로 그런 일이 아주 심각해진다.

　"결국 아빠 같은 수학자들은 2 곱하기 2는 4와 같은 것을 다루는 거죠?" 얼마 전에 아들 크리스토프가 직격탄을 날렸다.

　"아니면 1+1=2거나." 딸 마리아가 거기에 힘을 실었다.

　왜 그랬는지는 모르겠지만 나는 즉각 반박했고, 그건 불난 집에 부채질한 꼴이 되어버렸다. "아니. 때로는 1+1=0도 되거든."

　잠시 동안 모두 놀라 침묵을 지켰지만, 곧 조롱이 쏟아졌다. "하나에다가 하나를 더하면 두 개가 나오죠. 1+1=0이라면 하나에다가 하나를 더했는데 아무것도 안 나온다는 말이네요." 마리아가 빈정댔다. "아이가 없는 부부." 크리스토프가 좀더 상세하게 말했다. 그리고 마리아는 더 나간다. "동성同性 부부!" 대체 아이들이 이런 말들을 어디에서 배운 것인지!

　내 아내 역시 수학의 편은 아니었다. "추리소설 제목을 《1+1=0》이라고 달면 좋겠네. 서로를 끔찍이 증오하는 두 사람, 그리고 최후에는 두 사람 모두 죽게 된다는 내용."

"살인과 자살." 크리스토프가 뒤를 이었다.

우리 가족들은 말로 나를 때려눕히려 작정한 것처럼 보였다. 나는 반격에 나섰다. "실제로 1+1=0이라는 등식은 중요한 의미를 가지고 있어. 한편으로는 수학의 근원을 보여주면서 다른 한편으로는 오늘날 수학을 컴퓨터 공학에 응용할 근거를 마련하지."

"방금 '등식'이라고 말씀하신 거예요? 아빠는 등식에서는 왼쪽과 오른쪽이 같아야 한다는 걸 아시기는 아시는 거예요?" 마리아가 비꼬듯이 물었다.

거기에는 대꾸하지 않고 나는 이야기를 이어나갔다. "최초의 수학자 중 한 사람은 피타고라스였지."

"그러니까 a^2+b^2에 대해 말한 사람이죠?"

"그래. 그렇지만 피타고라스와 그 제자들은 다른 연구노 했어. 예를 들어 짝수와 홀수에 대해서 말이야."

"2와 5 같은 수들 말이세요?"

"피타고라스학파는 이 수들을 더하기도 하고 곱하기도 했지. 그리고 이런 사실을 발견했어. 우리가 서로 더하고자 하는 수에 대해 알고 있다면, 즉 그 수들이 짝수인지 홀수인지 알고 있다면, 그 답에 대해서도 알 수 있다는 거야."

"당연하죠. 2+2=4니까, 짝수 더하기 짝수는 짝수죠." 크리스토프가 잠깐 생각하고는 대답했다.

아이들은 바로 내가 원하는 지점에 이른 것이다. "그럼 짝수 더하기 홀수는?"

"홀수죠, 당연히. 2+5=7이잖아요." 마리아는 내가 무엇을 노리고 있는지 모르는 채 대답했다.

"그럼 지금까지 빠진 게 뭐지?"

"홀수 더하기 홀수는 짝수."

"3+5=8." 아내가 담담한 목소리로 확인했다.

"자. 이제 잘 들어봐!" 나는 비밀이라도 전하려는 듯이 말했다. "홀수들을 가장 작은 홀수, 그러니까 1로 표현해보자."

"그리고 짝수들은 가장 작은 짝수로 표현해보자." 마리아가 내 흉내를 냈다.

"그러니까 2로." 아내가 말했다.

불행한 일이 일어나기 전에 내가 끼어들어야 했다. "더 작은 짝수는 없을까?"

잠깐 고민을 하다가 크리스토프가 조심스레 물었다. "0이요?"

내가 확인해주었다. "0도 짝수지. 내가 사탕 0개를 너희 두 사람에게 나눠준다면, 물론 너희들에게는 실망스러운 결과가 나오겠지만, 어쨌든 나눠 떨어지기는 하거든."

이제 결정적인 부분에 이르렀다. "우리가 홀수 대신에 '1'이라고 말하고, 짝수 대신 '0'이라고 말하면 '홀수 더하기 홀수는 짝수'라는 문장 대신에 간단하게 '1+1=0'이라고 말할 수 있겠지."

크리스토프는 놀란 듯이 "비트(정보 전달의 최소 단위. 2진법의 0과 1.—옮긴이)에서처럼 말이죠."라고 말했고, 마리아는 "그거 괜찮네요. 그렇지만 살인과 자살도 괜찮았어요."라고 덧붙였다.

2,000년 묵은 용돈　2강

용돈을 주면 아이들의 눈은 반짝반짝 빛난다. 그렇지만 용돈은 너무 빨리 백화점 계산대에서 군것질이나 컴퓨터 게임 때문에 사라져버린다. 그러나 계산을 해보면 알 수 있다. 알뜰하게 아주 오랫동안 저축하는 사람은 복리 덕분에 정말로 큰 부자가 될 수 있다는 사실을.

아이들은 그렇다. 용돈을 얼마 줄지 협상을 할 때, 아이들은 용돈을 아껴 쓰겠다고 약속한다. 그렇지만 그건 불가능하다. 아무리 아껴 쓰라고 해봤자 아무 소용이 없는 것이다. 돈을 저축하면 이자 때문에 돈이 더 많아진다고 알려줘도 아이들은 그게 무슨 뜻인지 이해하지 못한다.

"네가 그 돈을 은행에 가지고 가서 가만히 넣어두면, 혼자서 돈이 많아진다니까." 나는 내 딸 마리아에게 이걸 가르쳐주려고 시도했다.

"그렇지만 제 돈은 항상 저절로 적어지는 걸요."

"당연하지. 네가 돈을 쓰니까."

"당연하죠. 돈은 쓰라고 있는 거니까요!"

"그 돈을 은행에 맡길 수도 있어." 마리아가 곧 울음을 터뜨릴 것 같았기 때문에 나는 말을 더듬었다. 우리는 전에도 이 이야기를 한 적이 있었다.

시간이 좀 지나서 나는 다시 한 번 시도했다. "그러니까 네가 예수님이 태어나시던 때 100유로를 저축했다면, 지금은 수백만, 아니 수십억 유로를 가지고 있을 거야! 이제 이자만 가지고도 살 수 있는 거지!"

"제가 예수님이에요?" 마리아는 퉁명스럽게 반문했다.

그렇지만 머릿속으로는 생각을 계속했던 모양이다. 시간이 조금 흐르자 아이가 물었다. "대체 그 적은 이자로 어떻게 그렇게 엄청난 돈이 모아질 수 있다는 거예요?"

이제 우리는 아이가 울음을 터뜨릴 위험이 없는 수학의 영역으로 들어왔다. 나는 이 기회를 이용했다. "자, 이렇게 상상해봐. 네가 은행에 100유로를 저축했다고 해보자. 그러면 일년 뒤에는 얼마나 가지게 되는 거지?"

"그거야 이자가 얼마인지에 달렸겠죠."

"맞아. 그럼 이자율이 2퍼센트라고 가정해보자."

"그러면 2퍼센트, 즉 2유로가 덧붙여질 테니까 102유로가 되겠죠. 굉장히네요!" 이이는 그룽히듯이 말했다.

"그 다음 해에는?"

"또 그 별것 아닌 2유로가 붙겠죠."

"여기서 우리는 잘 생각해봐야 해. 중요한 지점이거든. 매년 단지 2유로씩만 더 붙는다면 너는 지금까지, 그러니까 예수님이 탄생하신 후 2,000년이 지나서 겨우 2,000 곱하기 2, 그러니까 4,000유로밖에 이자로 얻지 못했을 거야. 그렇다면 정말 별것 아니지."

마리아는 아무 말도 하지 않았지만 나는 계속 이야기를 이어나갔다. "그런데 중요한 점은 네가 두 번째 해에는 100유로에 대한 이자뿐 아니라, 첫 번째 해에 생겨난 2유로의 이자에 대해서도 다시 이자를 얻게 된다는 거지. 그게 바로 복리라고 부르는 거야."

"그래도 별로 많지는 않을 거 같은데요."

"한번 계산해보자. 2퍼센트 이자라면, 너는 언제나 1.02를 곱하면 되지. 그러면 두 번째 해에는 102 곱하기 1.02, 즉 104.04유로를 가지게 되지."

"와!" 마리아는 시니컬하게 말했다. "그리고 세 번째 해에 저는 이 돈에 다시 1.02를 곱하고 4번째 해에도, 다섯 번째 해에도…… 그러면 10년 후에는 얼마가 되요?"

"간단해. 1.02의 10제곱이 되는 거야. 그러니까 1.02를 열 번 곱하면 되지. 그리고 그 값에 100유로를 곱하면 돼. 계산기로 한번 해보자." 우리는 크게 실망하지 않을 수 없었다. 그래봐야 겨우 121.90유로에 불과했기 때문이다.

"그리 많지도 않네요. 계산기 줘보세요." 아이는 1.02의 100제곱 곱하기 100유로를 해보았다. 그 결과는 724.46유로였다. "1.02의 1,000제곱 곱하기 100유로는 39,826,465,165.81유로." 마리아는 이 수를 한번 읽어보았다. "1,000년 후에는 390억 유로도 넘어요!" 이제야 마리아는 열광했다.

"그러면 2,000년 후에는?" 내가 물었다. "그러면……." 아이는 계산기를 두드리고는 거기 나온 수를 내게 보여주었다.

15,861,473,276,037,127,496.19

"아빠 이 수 좀 읽어주세요."

"1,586경 1,473조 2,760억 3,712만 7,496 유로 19센트."

"그럼 이제 용돈도 필요 없겠네요." 마리아가 담담하게 대답했다.

미국 매미들의 삶의 목적은 먹는 데 있다. 그리고 먹히지 않기 위해서 수학적으로 영리하게 스스로를 보호한다.

2004년 여름, 다시 때가 되었다. 하룻밤 사이에 무수한 매미 떼가 북미를 덮쳤다. 어떤 사람들은 무척 즐거워하기도 했다. 미식가들에게 매미는 구미를 돋우는 음식인 것이다. 그리고 고양이들 역시 짧은 기간 동안이나마 향락 속에서 살 수 있었다. 입만 벌리면 그 맛있는 매미들이 날아 들어오는 것이다.

그러나 대다수 미국 국민들에게 매미 떼는 재앙이었다. 매미가 너무 많아서 길을 다니기 위해서는 그것들을 쓸어내야 할 정도였다. 매미가 나타나는 곳은 너무 시끄러웠다. 그 곤충들은 마치 잔디 깎는 기계 같은 굉음을 내는데, 그것도 밤낮을 가리지 않았다. 많은 사람들에게 매미는 한마디로 역겨운 곤충이다.

몇 주일이 지나고 나면 이런 소동은 지나가버린다. 매미들은 있는 힘을 다해서 먹을 것을 다 먹어치우고 최고의 속도로 번식을 한다. 애벌레들이 바닥에 흩어져 앞으로의 생을 기다리고 있다. 남은 것은 오로지 수북한 매미들의 사체뿐이다. 사람들은 빗자루와 쓰레받기, 그리고 낙엽용 진공청소기로 이들을 치운다.

사람들은 다시 숨을 돌릴 수 있게 되었다. 매미들은 다음 해에 다시 오지 않고, 그 다음 해에도, 3년 후에도 돌아오지 않을 것이다. 그러나 매미들은 언젠간 다시 온다. 아니, 언젠가가 아니라, 정확히 17년 후에 돌아온다!

17? 왜 하필이면 17년일까? 매미들이 수를 셀 수 있단 말인가? 음, 매미들 중에는 13년 후에 돌아오는 종류도 있고 7년만 지나면 돌아오는 종류도 있다. 여러분은 이 숫자들을 보고 놀랄 수도 있다. 이들은 바로 소수인 것이다. 그리고 매미들이 소수의 리듬으로 돌아오는 것은 우연이 아니다.

그래야만 매미들이 자신들을 노리는 포식자를 따돌릴 수 있기 때문이다. 어떻게 그렇다는 것인가? 여기에서는 약간의 수학이 도움이 된다. 매미의 어느 종이 12년 간격으로 나타난다고 가정해보자. 그리고 그 천적도 매년 나타나는 것이 아니라 몇 년마다 나타난다고 해보자. 포식자들은 '함께 나타나는' 첫 해에 매미를 배부르게 잡아 먹는다. 물론 포식자들은 다음 번 나타날 때에도 또다시 매미 요리를 즐기고 싶을 것이다. 만약 그 포식자들이 2년마다 나타난다면, 2, 4, 6, 8, 10년째에, 그러니까 매미들이 잠을 자는 동안 나타날 것이고 그래서 그때는 먹을 것이 별로 없을 것이다. 그러나 매미 떼가 다시 나타나는 12번째 해에는 맛있는 매미들을 풍성하게 누릴 수 있다. 포식자들이 3년이나 4년마다 등장한다고 해도 그들은 매미가 다음 번 나타날 때에 먹어치울 수 있다. 이런 12년 주기의 매미들은 이미 오래 전에 멸종했을 것이나!

그러나 매미들은 영리하게도 12년이 아니라 17년 주기로 나타난다. 포식자들이 2년마다 다시 등장하면 포식자와 매미는 34년 후에야 마주치고, 포식자들이 3년마다 나타나면 51년 후에야 다시 만나게 된다! 13년 주기로 나타나는 매미들도 잘 먹히지 않는 것은 매한가지이다. 만일 천적들이 3년마다 나타나면 이들은 39년이 지나서야 다시 매미를 먹을 수 있게 된다.

수학자들은 이를 관찰하고 놀라움을 금치 못했다. 매미들은 소수 때문에 멸종되지 않을 수 있었던 것이다. 그리고 이는 거의 완벽한 방법이다. 왜냐하면 천적들에게 이에 대항할 수 있는 전략이 없다는 사실은 분명하기 때문이다.

포식자들이 수학을 잘 하든 못 하든, 소수의 힘 앞에서 그들은 무력하다!

시상대 맨 윗 자리는 말하자면 숫자 1을 위해 주어진 것이다. 1은 언제나 앞에 있거나 아니면 맨 위에 있는 것이다.

나는 1이다. 처음부터 한 가지는 분명히 하고자 한다. 나는 외롭지 않다. 혼자이기는 하지만 외롭지는 않다. 고독이란 혼자라는 사실에 대해 불평하는 것을 뜻한다. 그러나 나는 그러지 않는다.

나, 1은 혼자 서 있다. 나는 그럴 수 있다. 나는 아무도 필요로 하지 않는다. 나는 나 자신으로 충분하다. 그래서 나는 기쁘다. 심지어 조금은 자랑스럽다.

나는 혼자다. 이건 좋은 일이다! 사회 관계의 스트레스가 없기 때문이다. 함께 모였다가 다시 헤어지는 일. 그리고 누가 설거지를 하고 누가 쓰레기를 들고 내려갈까 하는, 끝나지 않는 토론도 내게는 필요 없다.

나는 혼자 있는 것이 가능한 유일한 수이다. 다른 모든 수들은 나를 필요로 한다. 그들의 존재를 위해 필수적인 전제로서. 2는 1+1이고 3은 1+1+1이고 10은 1+1+1+1+1+1+1+1+1+1이고 그렇게 계속 나간다. 나로부터 모든 것을 쌓을 수 있다. 모든 수들이 바로 나로부터 나오는 것이다!

수학자 레오폴트 크로네커Leopold Kronecker(1823~1891)는 이런 말

을 했다. "자연수, 그러니까 1, 2, 3으로 이어지는 그 수들은 하나님이 만드셨고, 그 외의 수들은 인간의 작품이다." 크로네커는 잘못 생각한 것이다. 하나님은 오로지 나만을 만드셨고, 그 외에 다른 수는 만드실 필요가 없었다. 나로부터 모든 수가 탄생할 수 있으니까! 수가 존재하는 곳이라면 이 세상 어디든 나는 존재한다.

나는 수를 세는 일의 시작이다. 음. 여기에서는 내가 좀 과장하는지도 모르겠다. 사실 인정한다. '1'만을 말할 수 있는 사람은 아직은 제대로 세는 것이 아니다. 세는 일은 3부터 시작한다고도 말할 수 있을 것이다. 1은 '나'를 뜻하고, 2는 '나와 너'를 뜻하며, 3이 되어야 비로소 세계로 시선이 열린다. 그러나 내가 없으면 세는 일 자체가 불가능하다. 1과 함께 모든 것이 시작되기 때문이다.

내가 나 외에 인정하는 유일한 수는 0이다. 이 수도 중요하다. 0과 1만 가지면 모든 수를 간단히 표현할 수 있기 때문이다. 이는 1697년 위대한 라이프니츠가 발견한 사실이다.

그렇지만 라이프니츠도 한 가지 구별을 했다. 그에게 1은 신적인 숫자였고 이에 비해 0은 공허하고 아무것도 아닌 악마적인 숫자였다. 그는 성스러운 수 7이 2진법에서 111이라는 형태, 즉 악마적인 0은 하나도 없이 세 번의 신적인 1을 가진다는 사실로 이것이 증명된다고 생각했다.

나는 쉴 때는 무엇을 하는가? 나는 혼자 놀 수 있다. 나는 생각하기를 좋아한다. 나 자신에 대해서 그리고 수의 세계에 대해서. 그러려면 평화가 필요하다.

내가 다소 나르시시즘에 빠져 있음을 인정한다. 나는 나 자신을 보는 것을 좋아한다. 나는 내가 멋있다고 생각한다. 시인 안겔루스 질레지우스Angelus Silesius는 멋진 경구를 말한 적이 있다. "지복한 자들은 무엇을 하는가? 그들은 쉼 없이 영원한 아름다움을 바라보고 있다!" 그리고 누가 그 영원한 아름다움이겠는가? 물론 그것은 나, 바로 1이다!

정치? 나는 호기심도 가지고 있다. 물론 적당히. 한편으로는 내게는 모든 것이 관계된다. 내가 모든 것 속에 들어 있기 때문이다. 다른 한편으로 나는 나 자신으로 충족되어 있어서 내 뒤를 잇는 모든 수들의 유치한 장난에 대해서도 그저 관대하게 머리를 흔들 수 있다!

내가 그 모든 바보짓에 대해 걱정할 필요는 없다. 다른 자들이 다투고 머리를 박는다고 해도 근본적으로는 아무것도 바뀌지 않으니까. 수의 왕국 안에서 모든 것은 내 위에 쌓여 있고, 나 없이는 아무것도 제대로 돌아가지 않는다. 그걸 아는 게 그렇게 어려운 일인가!

2는 그 자체로 모순이고, 그것은 언제나 부정하는 정신이며, 그것은 최초의 다수를 만들어낸다. 그래서 2가 자신이 특별하다고 말하는 것은 놀랄 일이 아니다.

자신에 대해 말하는 것은 누구나 할 수 있는 일이다. 그리고 모두가 자신에 대해서, 자신이 가진 문제에 대해서, 그 문제들이 얼마나 어려운 일인지에 대해서 충분히 말하고 있다. 모두가 언제나 나, 나, 나를 말한다. 그래서 모두들 1까지만 셀 수 있다. 1, 1, 1! 자기 자신에 대해 말하는 것은 언제나 1만 말하는 것과 같다. 그리고 누구나 1은 말할 수 있다.

그러나 '2'를 말하는 것, 그것은 새로운 차원이다! 2를 말하고자 하는 사람은 스스로를 해방시켜야 한다. 여러분은 그것이 무엇을 뜻하는지 아는가? 자신을 사슬로부터 풀어내는 것. 완전히 다른 어떤 것을 떠올리는 것. 여기서 강조되는 건 '다른 어떤 것'이다. 달리 말하자면, 2를 말하는 것은 '아니'라고 말하는 것과 다름 없다. "아니, 나만이 존재하는 것이 아니라 다른 사람도 존재한다."라고.

여러분은 아담이 처음 이브를 보았을 때의 느낌을 상상해볼 수 있다. 자신과 비슷한 존재, 그리고 자신에게 맞는 존재. 그러나 그 존재가 그에게 맞았던 것은 무엇보다도 그 존재가 자신과 완전히 달랐기 때문이다. 갈비뼈를 이리저리 만져보고 아담은 즉시 깨달았다. "이제 재밌어지겠군." 이브는 갈비뼈를 만져보지 않아도 이미 그것을 알고 있었다. 이브는 처음부터 아담의 부정이었기 때문이다.

둘로서의 나는 상대를 언제나 함께 생각한다. 하나, 그리고 그것의 반대.

그렇다. 문학에서 내가 제일 좋아하는 인물은 메피스토펠레스(괴테의 《파우스트》에 등장하는 악마.—옮긴이)이다. "나는 늘 부정하는 정신이다." 그리고 철학자 헤겔은 2에 대해 기뻐했을 것이다. 나 2는 수로 나타낸 반정립, 즉 정립에 대한 모순이다. 나는 모순 그 자체다. 나는 언제나 우선 아니라고 말한다. 그것은 세계가 진행하도록 하는 모순이다.

수 2가 수학에서 핵심적인 역할을 하고 있다는 사실은 분명하다. 우선 2는 가장 작은 소수다. 거기에다가 유일하게 짝수인 소수다. 수학이 처음 시작되었을 때 이미 2라는 수는 중요한 역할을 했다. 기원전 500년경 피타고라스학파는 처음으로 짝수와 홀수를 구별했다. 그리고 그 학파는 이미 '짝수 더하기 홀수는 홀수'라거나 '홀수 더하기 홀수는 짝수'와 같은 법칙들을 인식했다. 이를 통해 이미 2,500년 전 피타고라스학파는 비트 계산법의 기초를 놓은 것이다.

2라는 수는 다수의 시작이다. 그러나 임의의 다수가 아니라 아주 특별한 유형의 다수, 즉 이원성의 시작이다. 남자/여자, 유권자/정치가 등의 보편적인 것이 아니다. 오늘날 이런 개념들은 모두 정당하게도 '인간 자원'이라고 불린다. 다시 말해 이는 개인이 아니라 전체적 가치에만 관계된다는 뜻이다. 한 사람은 다른 사람과 같다. 모두가 서로 대체 가능하고 교체 가능하며 교환 가능하다. 모두가 오직 하나의 수일 뿐, 한 사람이 사라지면 다른 사람으로 대체되거나 대체되지 않거나 한다. 그래봤자 아무도 눈치조차 채지 못한다.

그러나 나의 복수, 2라는 복수! 이는 아주 특별한 것이다. 여기에서는 바로 두 가지가 '역청과 황처럼' 서로 떨어질 수 없이 붙어 있다. 그렇다! 한번 들어보라. 아담과 ─, 아스테릭스와 ─(프랑스의 만화 주인공 아스테릭스와 오벨리스를 뜻한다.─옮긴이), 번개와 ─, 보니와 ─ (영화 〈우리에게 내일은 없다〉의 주인공 보니와 클라이드를 뜻함.─옮긴이), 두꺼움과 ─(역주: 독일어의 '두꺼움과 얇음'은 '온갖'이라는 의미의 관용구이다.─옮긴이), 썰물과 ─, 여우와 ─, 하늘과 ─, 힌츠와 ─('힌츠와 쿤츠'는 '어중이떠중이'라는 의미.─옮긴이), 긍정과 ─, 머리와 ─, 빛과 ─, 남자와 ─, 막스와 ─('막스와 모리츠'는 19세기 독일의 유명한 만화가 빌헬름 부쉬의 작품 속 주인공이다.─옮긴이)······.

여러분은 이원성이 그저 서로 동일한 절반들 두 개로 이루어지는 것이 아니라는 사실을 볼 수 있다. 오히려 그 반대다. 서로 반대되는 것들이 서로를 끌어당기며, 그들 중 어떤 것들은 서로에 대해 내적인 긴장 상태에 있고 어떤 것들은 결코 화합하지 않는다. 그리고 어떤 것들은 폭발적인 혼합이 된다. 그러나 이 모든 것에 있어서 분명한 사실은 두 개가 합쳐진 것은 개별자의 합 이상이라는 점이다. 어떤 것은 다른 한쪽 없이는 전혀 존재조차 하지 못한다.

메피스토펠레스가 이미 말했다. "언제나 악을 욕구하고 언제나 선을 창조하는 저 힘의 일부이다." 이 말은 바로 나, 2에 대해서도 마찬가지로 타당하다.

나, 3은 어디에나 존재한다. 삼위일체, 삼총사, 삼단뛰기……. 수들 중 처음으로 나는 다소 무한의 향기를 맡는다.

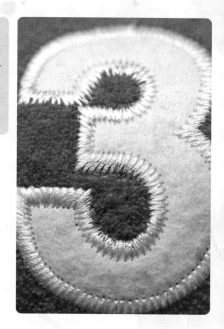

나는 최초의 제대로 된 수이다. 나보다 앞선 수들도 그렇게 주장하기는 하지만, 여러분이 한번 생각해보라. 오직 자기 자신에 대해서만 생각하고 모든 것을 자기 안에 통일하려고 하는 1. 그 자신이 무엇을 원하는지 스스로 알지 못하고 자기 안에 있는 폭발적인 혼합을 제어하는 데만 전적으로 사로잡혀 있는 까다로운 2.

그에 반해 나는 균형을 잡고 있으면서도 지루하지 않다. 나는 다양한 부분들이 합성된 힘의 덩어리지만 폭발적이지 않다. 제대로 된 다수지만 지나치게 크지도 않다. 한마디로 말해서 나는 최초의 평범한 수이다. 여러분은 나를 자랑스럽게 여겨도 좋다!

철학자 헤겔은 이 세계와 사유의 발전이 정립－반정립－종합이라는 변증법의 세 단계 위에서 이루어진다고 생각했다. 그는 옳았다. 화룡점정을 이루는 마지막 종합이 없다면 그 앞의 부분들은 불완전하고 아무런 힘도 발휘하지 못할 것이다.

3까지 셀 수 있는 사람은 제대로 셀 수 있는 것이다. 오직 1이나 2만 셀 수 있는 사람은 아직도 자기 자신이나 자신의 상대에만 매달려 있는 것이다. 그러나 3을 말하는 사람은 가장 좁은 한계를 넘어선 셈이다. 그는 세계를 보고 세계가 어떻게 진행될지를 예측하면서 약간이지만 무한의 향기를 맡는다.

내가 소수라는 사실에 대해서는 굳이 이야기하지 않으련다. 그것도 최초의 홀수인 소수이고, 다른 소수 뒤에 바로 이어 나타나는 유일한 소수라는 사실에 대해서도. 그러니까 잘 들여다보기만 하면 언제나 설득력 있는 삼원성의 힘을 볼 수 있다. 그렇다. 여러분이 잘못 들은 것이 아니다. 나는 가장 설득력 있는 수이다!

이는 인간의 역사 초기, 그러니까 석기 시대 때부터 이미 명명백백하게 드러났다. 귄터 그라스Gunter Grass는 《넙치》라는 소설에서 모신母神인 아우아에 대해 말한다. "아이들이여, 들어보라. 그 어머니에게는 젖가슴이 세 개 있다." 그라스는 이 시기를 매우 행복하고 평화로운 시대로 묘사한다.

기독교에서 3은 좀더 복잡하다. 삼위일체는 단순한 3의 트릭이다. 세 개의 본질은 한 개나 두 개의 본질보다 더 설득력 있게 보이는 것이다! 그러나 이는 신학적으로 보면 상당히 난처한 일이다. 왜냐하면 삼위일체의 세 요소, 즉 성부, 성자, 성신 모두 의심할 바 없이 하나님이라는 사실 때문이다. 그런데 하나님은 오로지 하나일 수밖에 없다. 그러니까 셋으로부터 하나가 되거나 하나로부터 셋이 되는 것이다. 그래서 이는 여전히 복잡하기만 하다.

한편, 언어에서는 매우 명료하다. 메피스토펠레스도 이미 말한 바 있다. "그대는 이를 세 사례 말해야 한다!" 여러분이 어떤 사람을 칭송하면서 "그는 많은 것을 할 수 있고, 많은 것을 알고 있다."라고 말한다고 치자. 이는 그 자체로 좋다. 그러나 만일 "그는 많은 것을 할 수 있고, 많은 것을 알고 있고, 많은 것을 한다!"라고 말하면 얼마나 더 설득력 있는지를 생각해보라. 이는 단지 정보량이 늘어났기 때문이 아니라, 3이 주는 설득력 때문이다.

그리고 약자들은 특별하다. 약자들은 오늘날 거의 세 글자로 이루어져 있다. AEG, BVB, CDU, DRK, EPF, FKW, GBR 등등.

여러분이 혹시 힙합을 좋아할지 모르겠다. 그렇지 않더라도 좋다. 내가 좋아하는 노래가 있다. '환상의 사인조(미안하지만 삼인조였다면 더 좋았겠다)'가 부른 노래다. 노래 제목은 MFG이고, 거의 세 글자짜리 약자만 사용한다. 그 노래는 우리 세계가 그러한 약자들로 가득 차 있음을 보여주며 3의 트릭을 분명히 드러낸다. 시작 부분은 이렇다.

ARD, ZDF, C&A/BRD, FFR 그리고 USA

BSE, HIV 그리고 DRK/GbR, GmbH―여러분은 할 수 있어

THX, VHS 그리고 FSK/RAF, LSD 그리고 FKK

DVU, AKW 그리고 KKK/RHP 등등 LmaA

석기시대부터 힙합에 이르는 이 예들은 한 가지 사실을 증명해준다. 여러분이 좋은 인상을 심어주고 싶다면 3을 활용하라. 바로 나! 나는 가장 설득력 있는 수이다!

특별하지 않아요?

봄, 여름, 가을, 겨울. 자연은 한 해를 계획하면서 4라는 수를 받아들였다.

나는 평범하다. 그리고 그것은 나쁘지 않다. 나, 4야말로 최초의 평범한 수이다. 성스러운 3과 신비로운 5 사이에 있는 수. 내 앞에 나오는 수들은 모두 다소 과장되어 있다. 쉽게 말해 허풍떠는 수들이다. 내 뒤에 나오는 무한히 많은 수들 중에서도 몇몇 특별한 수가 있기는 하지만, 그들 중 대부분은 나처럼 완전히 평범하다.

왜 내가 평범한가? 반대로 물어보자. 여러분이 어떤 피자를 시킬지 결정할 수 없다면, 혹은 여러분이 그저 '아주 평범한' 피자를 원한다면, 어떤 피자를 주문하는가? 그렇다. 바로 콰트로 스타지오니 Quattro Stagioni, 즉 '사계절 피자(4등분한 도우에 네 가지 종류의 토핑을 올린 피자.—옮긴이)'를 주문한다.

나는 그러나 평범한 수들 중 가장 먼저 나온다. 이는 그 자체로 특별하다. 나는 또한 아주 안정적인 수이기도 하다. 네 개의 방위는 방향을 말해준다. 고대 사람들은 모든 것이 네 원소, 즉 불, 물, 공기, 흙으로 이루어졌다고 믿었다.

나는 또한 훌륭한 수학적 특성을 지녔다. 나는 2 더하기 2, 2 곱하기 2, 2의 2제곱으로 계산될 수 있다. 이는 요술쟁이의 조그만 트릭에 불과할지 모르지만, 어쨌든 재미있는 일이다.

나는 최초의 합성된 수이다. 1은 합성되지 않았다. 그리고 2와 3은 소수다. 나는 소수가 아니다. 나는 최초의 제곱수이다. 그러니까 4, 9, 16, 25로 이어지는 무한 계열의 시작이다. 수학자들은 비록 1도 제곱수로 치기는 하지만, 사실 그러는 것은 수학자들뿐이다.

나의 진정한 의미는 기하학에서 나타난다. 나의 기하학적 자매는 정사각형이다. 정사각형은 네 개의 꼭짓점과 네 개의 변을 가지고 있다. 사각형의 일종이지만 정사각형은 제일 특별하고 제일 규칙적이고 제일 중요하며, 내 생각에는 제일 아름다운 사각형이다. 그것은 직각의 꼭짓점 네 개와 같은 길이인 네 개의 변을 가지고 있다.

정사각형은 또한 네 개의 대칭축을 가지고 있다. 서로 마주보는 변의 중점들을 연결하는 두 개의 선, 그리고 두 개의 대각선. 정사각형 외의 어느 사각형도 그렇게 많은 대칭축을 가지고 있지 못하다.

정사각형은 그저 수수해 보이지만 흥미진진하다. 변의 길이가 1인 정사각형에서 대각선은 $\sqrt{2}$, 약 1.41이다. 정확한 길이는 아니고 대략적인 길이일 뿐이다. 왜냐하면 $\sqrt{2}$는 무리수이기 때문이다. 즉 무한히 계속되고 그 와중에 결코 어떤 주기적인 계열도 등장하지 않는 수인 것이다.

이 기하학적인 자매 외에, 나에게는 기하학적인 형제도 있다. 그것은 4면체이다. 내게는 어떤 특별한 점이 있다. 나로부터 3차원이 시작되는 것이다. 네 개의 점은 늘 하나의 평면 위에 있을 필요가 없고, 공간을 만들어낼 수 있다. 그 경우 그 점들은 면이 세 개인 피라미드의 꼭짓점을 이룬다. 수학자들은 이 물체를 '4면체Tetraeder'라고 부른다. 그리스어에서 유래한 이 말은 네 개의 면을 가졌음을 뜻한다.

수많은 수학적 정리에 4가 나타난다는 사실까지 말할 필요가 있을까? 나는 오직 가장 탁월한 예인 '4색 정리'만 언급하련다. 이는 다음과 같은 내용을 가지고 있다. 우리가 어떤 지도를 보고 있다고 하자. 우리는 각 나라에 한 가지 색깔을 칠하고자 하는데, 그때 서로 국경을 맞대고 있는 두 나라는 반드시 서로 다른 색이어야 한다. 4색 정리에 따르면 이때 언제나 4개의 색깔이면 충분하다. 말하기는 쉽지만 이 정리를 증명하기란 무척 어렵다. 이는 수학적으로도 하나의 도전이고, 이 증명을 위해서는 컴퓨터로 오랫동안 계산을 해야 한다. 수학자들은 이를 증명하기 위해 약 100년 동안 애를 썼고, 완전한 증명은 1976년에야 이루어졌다.

이제 이 모든 것으로 인해서, 내가 마치 아주 특별한 양 보일 수도 있겠다. 그렇지만 절대 그렇지 않다. 우리는 모든 수에 대해서 이야기를 할 수 있다. 나에 대해서도 마찬가지다. 그래서 나는 내가 최초의 평범한 수라고 깊이 느끼고 있는 것이다.

여섯 개의 숫자를 단 한 번만 제대로 맞출 수 있다면!

매주 토요일 거실에는 실망한 사람들이 앉아 있다. 또다시 여섯 개의 숫자를 맞추지 못했다! 그렇지만 또 한 번, 다음에는 제대로 할 수 있겠지라고 생각하게 된다.

독자 여러분은 내가 무엇 때문에 화가 나는지 아시는가? 내가 매주 로또를 한다고 생각해보자. 정성껏 엑스 표를 치고, 돈을 낸다. 좋다. 49개의 숫자 중 6개를 고르는 이 방식, 즉 〈49개 중 6개〉에서 1등을 할 확률이 지극히 낮다는 것쯤은 말을 안 해도 잘 알고 있다. 심지어 그 확률을 정확하게 계산할 수도 있다. 로또 숫자를 뽑는 데 있어 맨 처음 선택되는 공에는 49개의 가능성이 있다. 두 번째에는 48개, 세 번째에는 47개 등으로 계속된다. 여섯 번째 공에는 44개의 가능성이 있다.

그 다음 숫자들이 크기에 따라 배열된다. 예를 들어 차례대로 13, 21, 6, 44, 25, 10을 뽑았다면, 그 복권의 수는 6, 10, 13, 21, 25, 44이다. 여기에서는 어떤 숫자가 뽑혔는지가 중요하지, 이 숫자들이 어떤 순서로 뽑혔는지는 중요하지 않다. 다시 말해 이 여섯 개 공의 모든 순서는 동등하게 취급된다. 공의 배열은 $6 \times 5 \times 4 \times 3 \times 2 \times 1$개가 있기 때문에 복권에 있어 가능한 경우의 수는 $49 \times 48 \times 47 \times 46 \times 45 \times 44 / (6 \times 5 \times 4 \times 3 \times 2 \times 1) = 13{,}983{,}816$이다. 어마어마한 숫자다. 거의 1,400만 번 로또를 해야 한 번 정도 맞출 수 있는 확률이다.

이 수를 좀더 생생하게 상상해보기 위해 내가 50년 동안 정기적으로 로또를 하면서 행운을 찾는다고 가정하자. 그것도 매주. 이 행운을 좀더 빨리 얻기 위해 매주 10차례 할 수도 있다. 그럴 경우 최소한 한 번이라도 그 여섯 개의 숫자를 맞출 수 있는 가능성은 얼마나 될까? 기운이 빠질 만큼 적다. 2프로밀(‰)도 되지 않는 것이다!

그렇다고 해도 나의 잃어버린 돈에 대해 화를 내지는 않을 것이다. 최소한 격심하게 화를 내지는 않을 것이다. 나의 분노는, 대신 다른 것을 향하리라. 만일 내가 마침내 이 일을 해내고야 말았는데, 그러니까 드디어 제대로 된 6개의 수를 맞췄는데, '나의' 배당금을 다른 사람들과 나눠야 한다면 분노가 끓어오를 것이다. 공동 당첨자가 한 사람뿐이라면 그래도 괜찮다. 두 사람 정도라도 견딜 만하다. 그렇지만 100명이라면? 아니 1,000명이라면? 그야말로 제대로 화가 날 것이다!

이런 일이 일어날 수 있을까? 자주 일어난다.

그런 분노를 피하고 싶다. 나는 로또에 투자해 얻은 수익을 다른 사람과 나누는 일이 일어나기를 원치 않는다. 그러니까 가능하면 내가 고른 숫자를 다른 누구도 선택하지 않도록 해야만 한다. 이는 언뜻 생각하는 것만큼 어려운 일은 아니다. 물론 나는 로또를 하는 다른 사람들이 어떤 수를 찍을지 알지 못한다. 그러나 많은 사람들은 실수를 할 터이고 우리는 이를 피해야 한다.

무늬를 만들지 말라. 복권표에 '멋있게' 엑스표를 배열해서는 안 된다. 어떤 행이든 열을 만들지 말라. 대각선이나 이와 유사한 것도 안 된다. 너무도 많은 사람들이 그런 것을 좋아한다.

31 이하의 수만을 골라서도 안 된다. 많은 사람들이 생일을 고른다. 지난번 당첨된 숫자들을 다시 찍어서도 안 된다. 믿을 수 없지만 많은 사람들이 지난번 당첨됐거나 아니면 외국에서 당첨된 숫자들을 적는다.

내가 정말로 로또를 한다면, 독자 여러분이 나의 책략과 내가 찍은 수를 알아내지 못하도록 숫자를 선택할 것이다. 그러니까 여러분은 그렇게 하려고 시도할 필요가 없다. 결국 여러분은 아무것도 알아내지 못할 것이기 때문이다.

해바라기 씨에 담긴 피보나치 수열

식물학의 수학. 해바라기 씨들은 우연하게 배열되어 있는 것이 아니라 정교한 규칙을 따르고 있다.

해바라기는 가장 아름다운 가을 꽃이다. 자연이 선사한 빛나는 황금색 장신구. 그것은 음울한 겨울을 앞둔 사람들에게 한 번 더 여름을 기억하게 한다.

해바라기 씨로부터 우리는 기름을 얻는다. 그래서 가을날 그 황금의 별은 온 들을 덮고 있다.

수학자들도 해바라기 씨에 관심이 많다. 그러나 기름이 아니라 질서 때문이다.

해바라기 씨들은 결코 우연적으로 배열된 것이 아니다. 그들은 매우 정확한 규칙에 따라 배열되어 있다. 이 씨들이 이루는 문양을 수학자들은 사랑한다. 수학자들은 문양을 통해 구조를 인식하기 때문이다.

해바라기의 내부를 주의 깊게 들여다보면, 씨들이 중점으로부터 바깥쪽으로 굽어지는 나선형으로 배열되었음을 알 수 있다. 때로는 오른쪽으로, 때로는 왼쪽으로 휘는 나선이다. 어떤 나선들은 다른 것보다 더 심하게 휘어 있다.

오른쪽으로 휜 나선과 왼쪽으로 휜 나선들의 수를 세어본다면, 각각 숫자가 하나씩 나온다. 그러나 아무 숫자나 나타나는 것이 아니라, 세계에서 가장 유명한 수열인 피보나치 수열에 속하는 수 두 개다. 피보나치 수열은 1, 2, 3, 5, 8, 13, 21, 34, 55로 시작한다. 그럼 다음에는 어떤 수가 나타나는가? 간단하다. 마지막 두 숫자의 합이 다음 숫자. 그러니까 다음 피보나치 수는 89이다. 34+55=89이니까.

이 숫자들은 서양에서 가장 위대한 수학자 중 한 명의 이름을 물려받았다. 그는 (보나치의 아들이라는 의미로) 피보나치Fibonacci라고 불렸던 피사의 레오나르도Leonardo von Pisa이다. 1202년 출간된 《주판의 책Liber abbaci》에서 그는 인도-아라비아 십진법이 당시 통상적으로 쓰이던 로마의 수 체계에 비해 우수함을 증명했다. 피보나치는 이 책에서 피보나치 수열을 낳은 문제를 다루어 유명해졌다. 그는 이 수를 도입하기 위해 토끼의 번식을 예로 들었다. 그는 토끼 한 쌍이 어느 특정 세대에 얼마나 많은 새끼를 낳게 되는지를 문제로 삼았다. 물론 토끼들이 번식할 때 특정한 규칙을 엄격하게 따른다는 전제 하에서. 그런 전제가 없는 실제 상황에서는 토끼가 무질서하게 번식하기 때문에 토끼 한 쌍의 후손은 피보나치 수를 포함해 어떤 수라도 가능할 것이다.

이에 비해 해바라기에 있어서는 오직 피보나치 수만이 나타난다. 이것이 특별한 점이다.

시계 방향으로 혹은 반대 방향으로 도는 해바라기 나선들의 수는 언제나 두 개의 연속하는 피보나치 수, 즉 8과 13이거나 13과 21이다. 독자 여러분이 직접 세어보시라!

덧붙이자면, 동일한 현상을 파인애플 비늘, 전나무 열매, 선인장 가시 등에서도 볼 수 있다.

축구는 일정한 주기를 두고 모든 나라를 열광에 빠뜨린다. 그러나 겉보기에는 둥근 그 가죽공이 다각형 몇 개로 이루어져 있다는 사실을 아는 사람은 거의 없다.

"공은 둥글다!"

독일 국가대표 축구팀을 이끌었던 전설적인 감독 제프 헤르베르거Sepp Herberger가 한 명언이다. 이 말은 이제 축구의 격언이 되어버렸다.

그러나, 그 말은 틀렸다.

축구공은 완벽한 구형이 아니라 개별 면들의 조합이다. 공에 빵빵하게 바람을 넣으면 각 부분들이 바깥쪽으로 부풀어오르면서 꼭짓점과 모서리가 없어지게 된다. 그 후에야 축구공은 잔디 위를 고르게 구를 수 있다.

그렇다. 우리는 작은 부분들을 많이 사용할수록 좀더 둥근 형태를 얻을 수 있다. 그러나 대체 누가 이 많은 부분들을 꿰맬 것인가? 그래서 축구에서는 '가능한 균일한 형태'와 '가능한 적은 수의 부분'이라는 요구 사이에서 타협점을 찾게 된 것이다.

처음에 사람들은 6각형을 꿰매어 공을 만들고자 했다. 그렇지만 6각형만으로는 공이 만들어지지 않는다. 벌집에서처럼 세 개의 정육각형은 완벽하게 서로 맞아떨어지면서 편평한 면을 이룬다. 그러므로 사람들은 3차원의 공을 얻기 위해 가령 5각형과 같은 더 작은 다각형을 사용해야 한다. 그리하여 각 꼭짓점에서 두 개의 6각형과 하나의 5각형이 서로 만나도록 했다. 이를 통해 사람들은 놀라울 만큼 둥근 형태를 얻어냈다. 그 다각형들을 세어보면 축구공은 총 12개의 5각형과 20개의 6각형으로 이루어져 있다. 이때 5각형들은 서로 만나지 않는다는 것을 알 수 있다.

수학자들은 아주 오래 전부터, 정다각형이 가능한한 균일하게 조합되어 이루어진 그러한 '입체'들을 연구해왔다. 그리고 이를 아르키메데스 입체라 불렀다. 아르키메데스 입체의 또 다른 예는 팁킥 Tipp-Kick(테이블 축구의 일종—옮긴이)에 쓰는 작은 공이다. 정사각형과 삼각형들로 이루어진 그 공은 전혀 둥글어 보이지 않는다. 그래야 할 필요도 없다. 이 테이블 축구에서 공이 너무 잘 굴러서는 안 되기 때문이다. 그렇게 되면 슛할 때마다 경기장 밖으로 공이 굴러나갈 것이다.

완전히 둥글지 않은 축구공은 다른 곳에서도 스펙터클한 역할을 하고 있다. 영국 서섹스 대학교 화학자인 헤럴드 크로토Harold W. Kroto와 미국 텍사스 라이스 대학교의 로버트 컬Robert F. Curl, 리처드 스몰리Richard E. Smalley는 흑연을 레이저로 기화시켜 안정적인 탄소 화합물 C60을 발견했다. 이 거대한 분자는 60개의 탄소 원자로 이루어져 있다. 그리고 이 탄소 원자들은 축구공 형태의 극미한 그 분자에 있어 60개의 꼭짓점을 이루도록 배열되어 있다. 이러한 구조는 안정적이다. 탄소 원자들이 완전한 균형을 이루면서 둥근 분자의 장력도 최적으로 배분되기 때문이다. 그들은 이 발견으로 1996년 노벨 화학상을 받았다.

C60 분자는 이른바 '풀러렌Fullerenen'에 속한다. 건축가 벅민스터 풀러Buckminster Fuller를 기려 명명한 이름이다. 풀러는 많은 건물들을 스펙터클한 돔 형태로 지은 바 있다. 1967년 몬트리올에서 열린 만국박람회의 미국관이 대표적인 예다. 그의 돔이 과학자에게 번뜩이는 영감을 주었고 연구자들은 새로 발견한 탄소 분자를 그렇게 명명했던 것이다.

크리스마스 트리의 별들은 (거의) 언제나 모서리가 다섯 개다. 그래야만 아름답게 보이기 때문이다. 피타고라스학파도 이미 오각의 별들을 중시했다.

크리스마스 트리에 매달린 별은 각이 몇 개일까? 그때그때 다르다고, 그러니까 이러저러한 별들이 있다고 생각한다면 잘못이다.

크리스마스 전에 거리를 산책하면서 한번 세어보라. 여러분은 놀라게 될 것이다. 모든 별의 모서리는 다섯 개다. 물론 여섯 개의 모서리를 지닌 별도 있다. 음, 6도 좋은 수이기는 하다. 그러나 5가 훨씬 더 흥미롭다.

여러분은 '흥미롭다'는 게 무슨 뜻이냐고 물을 것이다. 흥미롭다는 것은 최소한 '너무 단순하지 않다'는 뜻이다. 손으로 정오각형이나 크리스마스 트리의 별을 그려본다면, 내가 무슨 말을 하는지 알게 될 것이다.

자연에서 5라는 숫자는 자주 등장한다. 사과를 잘라보라. 여러분은 그 과심果心에서 사각형이나 육각형이 아니라, 바로 오각형을 보게 된다!

여러분이 오각형과 오각성에 대해 예민한 감각을 가진 이후에는 구석구석에서 이들과 마주치게 될 것이다. 크라이슬러 자동차 로고에서, RAF(독일의 좌익 테러집단인 적군파의 약자.―옮긴이) 상징에서,

미국 성조기에서, 회교 국가들의 국기에서 등등.

수학자들에게 크리스마스 별은 2,000년 이상 보물과 같은 존재였고, 이와 동시에 일종의 도전이었다. 2,500년 전 피타고라스학파는 크리스마스 별을 자신들의 상징으로 사용하면서 이를 펜타그램(오각성)이라고 명명했다. 펜타그램에서 각 모서리의 정점에서 정점을 잇는 그 선들은 바로 '황금분할'로 나누어진다. 황금분할은 직선을 분할할 때 그 전체 길이와 (분할된 부분 중) 긴 부분의 길이 간의 비율이 긴 부분의 길이와 짧은 부분의 길이 간의 비율과 같을 때 나타나는 것이다. 황금분할은 긴장과 이완이라는 양 극단 사이에서 탁월하게 균형잡힌 비율이다. 한마디로 아름다움을 위한 척도인 셈이다.

약간의 기하학과 산술을 이용해 이 비율을 계산할 수도 있다. 이는 $\frac{1+\sqrt{5}}{2}$로서, 그 값은 약 1.618이나. 그러면 황금분할로 직선을 나누는 점은 전체 직선의 61.8퍼센트 위치에 있게 된다. 오각성의 변들은 바로 이 비율로 나누어진다.

이 발견은 극적인 결과를 낳았다. 이는 황금분할이 무리수라는 것과 관련되기 때문이다. $\frac{1+\sqrt{5}}{2}$는 두 개의 정수로 이루어진 분수가 아니다. 분수들을 가지고 이 수에 근접할 수는 있겠지만, 정확하게 맞아떨어질 수는 없다. 바로 $\sqrt{5}$때문이다. 이 수는 합리적인 수(=유리수)가 아니다. 따라서 황금분할은 불합리한 수(=무리수)인 것이다.

오각성을 상징으로 선택했던 피타고라스학파가 이러한 사실을 통찰하기까지는 오랜 시간이 걸렸다. 기본적으로 그들은, 이 세상 모든 것을 정수로 그리고 정수들 간의 비율인 유리수를 통해 서술할 수 있다는 신념을 가지고 있었다. 그런데 자신들의 로고조차 유리수로 표현할 수 없다는 것을 깨달은 것이다! 거기에서 나타나는 것은 분명 무리수, 즉 황금분할이었기 때문이다.

여러분은 크리스마스 별이 왜 그렇게 아름답고, 흥미롭고, 또 우리를 흥분시키는지 이제 깨달았을 것이다.

발뺌 해도 소용없어, 분명 당신이었으니! 12강

전화통화료 청구서가 정확하도록 만
들어주는 핸드폰 안의 SIM 칩 카드.
거기에는 비밀 키와 알고리듬이 하나
숨어 있다.

이대로 견딜 수 있겠는가? 집 전화 통화료로 내는 돈이 너무 많다. 많아도 너무 많다. 핸드폰 요금 청구서는 더 심각하다. 언제 어디서든 전화를 걸고 받을 수 있다는 것은 편리한 일임에 틀림없다. 하지만 터무니없이 많은 비용을 요구한다.

아마도 여러분은 자문하게 되리라. 대체 통신사는 내가 통화했다는 사실을 어떻게 알고 있을까? 어쩌면 약간의 조작을 통해 통화료를 지불하지 않을 수도 있는 것은 아닐까? 예를 들어 통신사가 다른 사람에게 청구서를 보내도록 말이다. 이런 일이 가능하다면, 통신사로서는 통제불능의 대형 사고가 아닐 수 없다! 통신사가 매번 소송을 통해 힘겹게 요금을 징수해야 한다면 정말 무시무시한 일이 아닌가.

그래서 GSMGlobal System for Mobile Communication 이동통신망 개발자들은 이러한 문제들을 처음부터 명백하게 해결할 수 있는 기술을 투입했다. 통신사는 통신 참여자를 정확하게 식별할 수학적인 무기를 가지고 있기 때문에 계산서는 올바른 주소로 보내진다.

이때 전화를 건 사람이나 그가 사용한 핸드폰은 아무래도 상관없다. 결정적인 것은 SIMSubscriber Identification Module(가입자 식별 모듈),

여러분이 계약을 체결할 때 받아서 핸드폰에 꽂게 되는 작은 칩 카드다. 통신사는 바로 이 SIM을 식별한다.

여기에는 암호 기법이 작동하고 있다. 이 암호 기법을 빼놓고는 수많은 첨단 상품들은 생각할 수도 없을 정도다. 여러분의 현금카드나 자동차 도난방지 장치는 그것 없이는 작동하지 않는다. 암호 기법이 대량으로 응용된 최초의 분야는 GSM이다. 예를 들어 이 기법은 대화를 암호화하기 위해 사용된다. 물론 그것이 통상적인 유선망에 접속되는 지점까지만 그러하다.

암호 기법이 SIM을 식별할 때 작동하기 위해서는 SIM의 칩에 두 가지가 존재해야 한다. 하나는 알고리듬이고 다른 하나는 비밀 키다. 알고리듬은 모든 칩에 있어서 동일하지만, 각 SIM은 자신의 고유한 키를 가신나. 이는 내난이 득빌한 비밀인 것이다! 등록된 모든 SIM의 알고리듬과 키는 통신사도 가지고 있다.

식별 과정은 매우 교묘한 게임이다. 단순한 질문("이름을 대라!")이 아니라, 질문—대답 게임이다. "나는 너에게 질문을 하나 하는데, 네가 올바른 SIM일 때에만 너는 이에 대해 올바른 대답을 할 수 있다!" 이 물음은 우연하게 선정된 숫자로 이루어져 있다. SIM은 그 임의의 질문과 키에 대해 알고리듬을 적용하여 답변을 계산해낸다. 그러니까 답변은 SIM의 키와 통신사가 선정한 우연한 숫자('질문')에 의해 좌우된다.

이러한 게임은 계속해서 반복된다. 통화가 시작될 때마다, 때때로 통화 도중에도 반복된다. 그때마다 새로운 우연한 숫자가 제기되고,

그에 상응하여 새로운 대답이 이루어진다. 정말 탁월한 방식이 아닐 수 없다.

유감이다. 여러분 마음에 들든 말든, 통신사는 SIM을 의심의 여지 없이 식별한다는 사실을 인정해야 한다. 그러니까 여러분은 통신사가 잘못 인식했다는 논리를 들이대면서 청구서에 이의를 제기해서는 안 될 것이다.

올림픽 경기장 지붕

뮌헨 올림픽 경기장의 천막형 지붕은 왜 그렇게 아름다운가? 그 지붕은 거대한 규모에도 불구하고 왜 그렇게 경쾌하고 자연스러워 보이는가? 수학자들은 답을 알고 있다.

뮌헨 올림픽 경기장은 20세기 건축사에서 가장 아름답고 우아한 작품 중 하나다. 안정감 있고 가벼워 보이며 활기차고 매혹적인, 진정 천재적인 작품이다!

이곳의 천막 지붕은 1972년 뮌헨 올림픽의 상징이기도 했다.

도대체 왜 이 지붕은 그토록 아름다운가? 여러분은 이것이 취향의 문제일 따름이며 취향에 대해서는 왈가왈부할 필요가 없다고 말할지 모른다. 누군가는 제라늄 심은 목재 발코니를 좋아할 것이고, 누군가는 앞마당에 호들갑스럽게 줄지어선 정원용 난쟁이 인형들을 좋아할 것이고, 누군가는 이 올림픽 경기장 지붕을 아름답다고 생각하는 것이 아닌가? 아니, 그렇지 않다. 이것은 순전히 취향의 문제만은 아니다. 그 지붕에는 수학적 아름다움이 숨어 있기 때문이다!

건축가들은 어떻게 절묘하게 굽이치는 이러한 형태들을 구상했을까? 그 지붕은 프라이 오토Frei Otto가 이끄는 슈투트가르트 대학의 평면경輕 구조물 연구소가 설계한 것이다. 그 건축가들은 당시 기상천외한 디자인 아이디어에 빠져 있던 게 아니다. 오히려 그들은 가장 단순한 형태를 추구했고, 이를 위해 실험하고 관찰했던 것이다.

그들은 관찰했다. 바로, 비누막을! 그렇다. 그들은 마치 어린아이들처럼 비누 거품을 가지고 장난을 쳤다. 둥근 형태의 비누 거품만 가지고 실험한 게 아니라, 비눗물 안에 온갖 종류의 철사 틀을 집어넣고 나서 어떻게 비누 거품이 되는지 관찰했다.

그러한 실험은 여러분도 직접 해볼 수 있다. 물을 채운 그릇 안에 세제를 듬뿍 넣고 잠깐 동안 그대로 놓아두라. 그 다음에 철사를 가지고 어떤 닫힌 구조물의 형태로 만들어서 비눗물 안에 담근다. 이와 동시에 그 구조물을 끄집어내면 어떤 면들이 생겨날지를 상상해보라. 그리고 비눗물에서 꺼내 한번 직접 살펴보라. 여러분은 분명 놀랄 것이다! 여러분이 가령 사면체 형태(삼각형 면들을 가진 피라미드 형태)로 철사를 구부려도, 비누막은 단순히 네 개의 면만을 형성하지 않는다. 사면체의 내부에서 한 점이 생겨나고, 이 점으로부터 사면체의 모서리로 이어지는 평면들이 나타난다. 눈부신 아름다움을 지닌 구조다.

슈투트가르트의 연구자들은 당시 수천 번의 실험을 거치면서 그 결과들을 모조리 기록했다. 그리하여 마침내 올림픽 경기장을 위해 적절한 형태를 찾아냈다. 그것은 1967년 몬트리올 만국박람회의 독일관 모양과 같은 것이었다.

비누막에는 수학이 들어 있다. 아주 난해한 수학이. 그것은 최소 면적의 수학이다. 그러니까 비눗물은 '수학적' 특성을 가진다. 비눗물은 비록 단 하나의 수학적 특성을 가지고 있지만 그것을 일관성 있게, 그리고 가차 없이 실현한다. 비누막은 표면적이 최대한 작도록 구성된다. 작은 변형이 일어날 때마다 표면이 커지면 응력도 강해진다. 그러면 비누막은 다시 처음 상태로 돌아온다.

최소 면적의 수학은 지극히 난해하다. 그것은 복잡하기 그지없는 미적분 방정식을 가지고 풀어야 한다. 오늘날에도 비눗물을 가지고 최소 평면을 실현하는 일이 그것을 수학적으로 규정하는 일보다 쉽다.

결국 수학 공식들은 올림픽 경기장 지붕의 안정성과 우아함을 표현하는 도구일 뿐이다. 그 형식들은 '그저 그렇게' 생겨난 것이고, 그래서 거대한 규모에도 불구하고 지극히 자연스럽게 보인다.

그 천재적 작품을 감상해보라. 그럴 만한 가치가 있다.

빅토리아 호수의 종말

아름다운 풍광이다. 그러나 치명적이다. 물히아신스의 지수적 증가는 아프리카의 빅토리아 호수를 질식시키고 있다. 처음에는 아주 무해하게 시작했지만……

빅토리아 호는 세계 최대의 호수다. 이곳 수면 아래에는 거의 독일 바이에른 주 크기만한 땅이 잠겨 있다. 그러나 이제 곧 그 호수에서 배를 타고 노닐 수 없게 될 것이다. 호수가 한 식물로 덮이고 있기 때문이다. 아름다운 연보라색 꽃을 피우는 식물 물히아신스(부레옥잠)가 빅토리아 호수에 무성하다.

그 사랑스러운 괴물은 1988년 처음으로 빅토리아 호수에 나타났다. 물히아신스는 무서운 속도로 증가하고 있다. 최적의 온도인 섭씨 25~27도에서 그 식물이 뒤덮는 호수 면적은 5~15일 내에 두 배로 늘어난다. 무자비하다. 특히 적합한 상황에서, 물히아신스로 뒤덮힌 빅토리아 호의 면적은 매주 2,000헥타르까지 불어나고 있다.

그 결과는 극적이다. 물히아신스로 이루어진 두터운 양탄자는 강변을 파괴하고 호숫가 항구들을 봉쇄한다. 이들 탓에 물 속으로 산소가 유입되지 못하고, 물고기들은 폐사한다. 그 대신 거기에는 달팽이, 모기, 뱀들이 우글거리게 된다. 무언가 특단의 조치를 취하지 않는다면, 빅토리아 호수는 곧 붕괴할 것이다. 어쩌면 이미 늦었을지도 모른다.

수학자들은 앞으로 무슨 일이 일어날지 예측할 수 있다. 그들은 단번에 두 배로 늘어나는 그 엄청난 증가를 '지수적 증가' 라고 부른다. 그러한 증가 과정에 있어 극적인 사실은 처음에는 모든 것들이 무해하게 보이지만, 증가 속도가 '갑자기' 빨라져 이를 막기 위한 조치를 취할 시간이 없게 된다는 점이다. 물히아신스가 빅토리아 호의 절반을 덮은 상황을 가정해보면, 호수가 완전히 덮이는 데는 겨우 14일밖에 걸리지 않는다. 지수적 증가는 미리 계산할 수 있지만, 머릿속에 생생하게 떠올리기는 어렵다. 그 이유는 우리가 사실상 언제나 그 최초의 변화들만 체험할 수 있기 때문이다. 어쩌면 행운이라고도 할 수 있겠지만.

머릿속에 떠올리기 어려운 지수적 증가의 모습을 여러분에게 명백하게 그려주기 위해 한 가지 실험을 해보려고 한다. 불안해할 필요는 없다 여러분에게는 아무 일도 생기지 않을 테니까. 그것은 구역질이 나는 일도, 여러분이 웃음거리가 될 일도 아니다. 그렇지만 여러분은 믿기 어려운 일을 경험하게 될 것이다!

커다란 종이 한 장을 준비하라. 그 종이는 얼마나 두꺼워야 하나? 0.1밀리미터 정도면 되겠다. 이제 그 종이의 중간을 한 번 접어서 조심스럽게 겹친다. 종이는 이제 절반 크기가 되었고 두 배로 두꺼워졌다. 그렇지만 아직은 여전히 얇다. 이제 접힌 종이의 중간을 다시 한 번 접어 조심스럽게 겹친다. 그것은 벌써 종이 한 장보다 네 배나 두꺼워졌다. 이 과정을 한 번 더 반복해보라. 그 종이의 두께가 1밀리미터 가까이 되었다. 이제 우리는 알게 된다. 원래 0.1밀리미터 두께였던 종이는 그 사이 8배나 두꺼워진 것이다.

자, 여러분께 묻고 싶다. 이 종이의 두께가 여기서부터 달까지 도달하도록 하려면 몇 번이나 접어야 할까?

물론 이것은 단지 사유 실험일 뿐이다. 왜냐하면 마지막으로 접을 때는 이미 약 18만킬로미터 높이에 달한 종이의 중간을 접어서, 36만 킬로미터 높이의 종이 다발을 만들어야 하기 때문이다. 이는 머릿속에서나 가능한 일이다.

그러나 이론적으로 질문할 수는 있다. 당연히 대답도 있다. 정답은 마흔두 번이다. 그렇다. 여러분은 제대로 읽었다. 마흔두 번이다. 4만 2,000번이나 4,200만 번이 아니라, 겨우 마흔두 번이다. 물론 마흔둘이라는 수가 모든 질문에 대한 만능의 답이어서는 아니다. 바로 계산해낼 수 있기 때문이다. $2^{42} \times 0.1$밀리미터는 약 439,804킬로미터고, 여기에서 달까지의 거리보다 더 길다.

또 다른 계산. 태양까지 도달하기 위해서는 몇 번이나 접어야 할까. 50차례면 충분하다.

믿을 수 없다고? 한번 계산해보라! 그렇지만 솔직히 말해서, 이것을 머릿속에서 생생하게 떠올리기는 어려운 일이다.

육각형의 벌집은 경제성의 전형적인 예이고, 경제성으로부터 나오는 구조미의 전형적인 예이다.

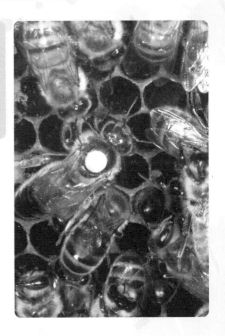

벌집은 자연 속에 존재하는 가장 아름다운 구조 중 하나다. 벌집의 방들은 서로 완벽하게 들어맞기 때문에 그 사이에 작은 틈조차 없다. 경제성, 그리고 그로부터 나오는 구조미의 전형적인 예인 것이다!

벌집의 각 방은 육각형이다. 그것도 임의의 육각형이 아니라, 정육각형. 모든 변의 길이가 같고 모든 각의 크기도 같다.

벌은 왜 하필 육각형을 사용하는 것일까? 왜 삼각형이나 사각형이 아닐까? 그것이 벌집을 만드는 데 더 쉽지 않을까? 기왕 높은 수를 쓰기로 했면, 왜 팔각형은 아닌가? 그것이 아름답지 않을까?

이러한 물음에 대해 수학은 분명한 대답을 제공하지 않는다! 다만 사전에 전제된 명백한 원칙은 벌집의 방들 사이에 빈틈이 없어야 한다는 것이다. 수학자들은 어느 한 평면을 빈틈과 포개짐 없이, 여러 부분들로 모두 덮는 것을 쪽매맞춤(테셀레이션)이라고 부른다.

어떤 정다각형들을 가지고 한 평면을 쪽매맞출 수 있는가? 사각형들로 이루어진 쪽매맞춤은 누구나 알 것이다. 이는 목욕탕에서 볼 수 있다. 종이의 격자무늬 역시 정사각형 쪽매맞춤의 예이다. 벌집은 정육각형으로 이루어진 쪽매맞춤을 보여준다. 정삼각형 쪽매맞춤도 만들기가 매우 쉽다. 다이아몬드 게임 보드에서 이 모양을 볼 수 있다.

벌집 문제에 대한 수학자들의 첫 번째 대답은 이렇다. 정n각형으로 이루어진 쪽매맞춤은 앞서 언급한 것들이 전부다. 그러니까 여러분이 목욕탕을 정n각형의 타일로 깔려고 한다면 삼각형, 사각형, 혹은 육각형으로 만들 수밖에 없다는 것이다. 왜 그럴까? 아주 간단하다. 다른 정다각형들을 가지고는 쪽매맞춤을 시작조차 할 수 없다. 첫 번째 과정부터 실패하는 것이다. 예를 들어 오각형으로는 가능하지 않다. 정오각형 한 각의 크기는 108도이다. 그러므로 하나의 각에 세 개의 오각형을 잇대어 놓는다면 틈이 생기고, 네 개의 오각형을 놓는다면 포개지게 된다.

칠각형, 팔각형, 아니면 더 각이 많은 도형들을 가시고 시노해노 마찬가지다. 하나의 각에 세 개의 도형이 서로 포개지지 않게 놓는 것조차 되지 않는다. 이 다각형의 한 각은 120도가 넘기 때문이다.

그러면 벌들은 왜 삼각형이나 사각형이 아니라 육각형을 고르는 것일까? 여기에 대해서도 수학적인 대답이 있다. 벌집은 애벌레를 키우는 목적도 가지고 있다. 위에서 바라볼 때 벌집의 육각형은 물체처럼 보인다. 방으로 쓰일 몇 가지 모양 중에서 정육각형이 '가장 둥근' 형태고, 그 안에서 애벌레는 가장 편안하다.

쪽매맞춤 이론은 살아 숨쉬는 수학의 한 분야다. 여기에서는 가령 한 평면을 덮기 위해서는 어떤 타일을 써야 하는지를 연구한다. 예를 들어 어떠한 종류의 삼각형이든 한 변의 중점을 중심으로 회전시키면 원래 삼각형과 돌려진 삼각형은 함께 평행사변형을 이루게 된다. 이를 가지고 한 평면을 포장할 수 있다. 모든 사각형도 이렇게 할 수 있다.

하지만 오각형과 육각형은 좀더 흥미진진하다. 다시 말하면 조금 더 까다롭다는 뜻이다. 임의의 모든 오각형이나 육각형들로는 한 평면을 덮을 수 없기 때문이다. 그러므로 오각형이나 육각형들 중에서 그렇게 할 수 있는 것들을 찾아내야만 한다.

스캐너는 제대로 읽어낼 경우에는 '삑' 하는 소리를 낸다.

"당신한테서 삑 소리가 나는 건가요?"("당신, 돌지 않았어요?"라는 독일어의 속어.―옮긴이).

만일 여러분이 슈퍼마켓에서 돈 받는 점원에게 이렇게 말을 건다면, 분명 모욕일 것이다. 당연하다. 물론 그녀 곁에서는 끊임없이 삑 소리가 난다. 슈퍼마켓 직원이 스캐너를 물건에 갖다댈 때마다 말이다. 삑 소리가 안 날 경우 스캐너에 문제가 생긴 것이고, 아마도 너무 높은 가격을 나타낼 것이다. 그러니까 그 삑 소리는 현금출납기가 "좋아요, 문제가 없습니다. 데이터를 제대로 읽었어요."라고 말하는 소리다.

다만 묻고 싶은 건 그 바보 같은 바코드 판독기가 자신이 제대로 읽었는지 잘못 읽었는지 어떻게 알 수 있느냐는 점이다. 대답은 이렇다. 그 숫자 안에는 수학적 체계가 들어 있다.

스캐너는 긴 수를 읽어낸다. 13개로 이루어진 수이다. 숫자마다 각각 다른 의미를 지닌다. 처음 두 숫자는 국가를 뜻한다. 다음 다섯 숫자들은 회사를 나타내고, 그 다음 다섯 숫자는 상품을 나타낸다. 그리고 하나의 숫자만 남는다. 이것이 지금 우리에게 결정적인 숫자이다. 왜냐하면 이 '검증코드'의 도움으로 스캐너는 자신이 제대로 읽었는지 잘못 읽었는지를 알 수 있기 때문이다.

그 검증코드는 어떻게 계산되는 걸까? 우리가 익히 알고 있는 가로합계를 가지고 한다. 기본 원칙은 전체 수의 가로합계가 10의 배수가 되도록 검증코드를 결정하는 것이다. 이를 위해서 우선은 처음 12개 숫자의 총합을 구하고 거기에 맞춰서 검증코드를 정하는데, 이때 12개 숫자의 총합에 검증코드의 수를 더한 뒤 그 다음 번 10의 배수가 되도록 한다. 처음 열두 개 숫자들의 총합이 가령 37이라면 검증코드는 3이 된다.

이를 검증하기 위해서는 전체 수의 가로합계를 계산해보기만 하면 된다. 이것이 10의 배수가 아니라면, 분명히 무언가 오류가 있는 것이고, 그 수는 승인되지 않는다. 반면 가로합계가 10의 배수라면 오류가 없거나, 최소한 두 개의 오류가 있는 것이다. 그러나 후자일 가능성은 무시해도 좋을 만큼 매우 낮다.

이것이 기본적인 아이디어다. 그러나 그 바코드 아래 있는 수를 고안한 사람들은 아직 만족하지 않았다. 나란히 서 있는 그 숫자들을 서로 혼동하는 오류조차 바코드 판독기가 구별할 수 있도록 만들고 싶었던 것이다.

이런 오류까지 찾아내기 위해서는 좀더 세련된 가로합계가 필요하다. 이는 서로 연속하는 자리들을 구별해낼 수 있는 가로합계를 뜻한다. 왜냐하면 이들은 서로 다른 가중치를 가졌기 때문이다. 그 요령은 간단하다. 연속하는 숫자에 1과 3(승수乘數)을 번갈아가면서 곱한다. 그리고 이 곱한 수(적수積數)의 총합을 만든다. 다음 숫자들을 한 번 보자.

수(검토수 제외)	4	0	0	6	3	0	5	1	8	0	2	3
승수	1	3	1	3	1	3	1	3	1	3	1	3
적수	4	0	0	18	3	0	5	3	8	0	2	9

적수들의 합은 52고, 그러면 (그 다음 10배수가 되도록 만들어야 하는) 검증코드는 8이다. 손에 잡히는 어떤 상품이든 하나 골라 이 코드를 한 번 검증해보라(유의할 점은 8자리 코드도 있다는 것이다. 이 경우 그 가중치는 3-1-3-1-3-1-3-1로 한다).

이 코드는 EAN(유럽상품번호) 코드라고도 불린다. 덕분에 현금출납기는 거의 대부분의 오류를 잡아낼 수 있다. 오로지 '가중치를 둔 가로합계'가 10배수일 때에만 현금출납기는 삑 소리를 낸다. 길쭉한 바코드 자체는 단지 그 아래에 있는 숫자들을 기계가 읽을 수 있는 상징일 뿐이다.

이제 여러분은 안심하시라. 점원한테서 삑 소리가 나면, 여러분에게는 좋은 일이니!

Heres Faciendum Curavit(상속자가 이것(비석)을 만들었다).' 누구를 위해? '크리스푸스의 아들 루시우스. 28세, 용맹한 시민이며 아프리카의 알라에서의 기병, 플라비우스의 기병소대에서 9년 간 군 복무' 여기에서 숫자 9는 통상적 표기법(IX)이 아니라 VIIII로 씌어졌다.

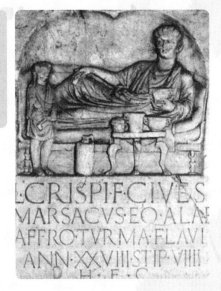

XXVIII이 무슨 뜻이지? 잠깐!

그러니까 I는 1이고, V는 5, X는 10을 뜻한다. 이런 방식이면 숫자는 기본적으로 읽기 쉽다. 제일 큰 수가 앞에 나온다. 앞에 X가 두 개 있으므로 20이다. 그 다음 V는 5, 세 번 나오는 I는 3이다. 그러니까 위의 수는 아무 어려움 없이 이렇게 읽을 수 있다.

$$XXVIII = 10 + 10 + 5 + 1 + 1 + 1 = 28$$

한눈에 알 수 있는 것처럼, 로마 숫자는 어느 자리에 나오든 같다. X는 언제나 10이고 M은 1,000이다. 우리는 언뜻 이것이 지금 사용되는 숫자 체계보다 더 낫다고 생각할 수도 있다. 우리가 쓰는 체계에서는 한 숫자의 값은 그것이 놓여 있는 위치에 의해 규정된다. 그런데 이러한 외양과는 반대로 우리가 지금 쓰는 체계가 훨씬 더 탁월하다. 로마 숫자로 큰 수를 나타내려면, 언제나 반복해서 새로운 기호를 고안해야 한다. 기본적으로 로마인들에게는 10만 이상의 수를 위한 기호가 없었다. 10만을 표시하려면 I에다 테두리를 쳤고, 20만을 표시하려면 II에다 테두리를 쳤다. 그렇게 계속 나간다.

로마 숫자가 계산에는 적합하지 않고, 수들을 표현하는 데에만 적합하다고 하더라도, 최소한 덧셈은 간단하게 이루어진다. 숫자들을 간단히 서로 연달아서 쓰고, 서로 같은 수들을 함께 모으면 된다. 예를 들어서 28 + 15는 어떻게 될까?

$$XXVIII + XV = XXVIIIXV = XXXXVVIII = XXXXIII$$

물론 이것도 '기본적'으로만 기능한다. 왜냐하면 로마인들도 표기 방식을 단순화하면서 이러한 방식에 반기를 들었던 것이다. 그러니까 로마인들은 이제 4를 IIII로 표기하지 않고 5-1을 뜻하는 IV로 표기한 것이다. 그들은 XXXX 대신에 50-10을 뜻하는 XL을 썼다. 물론 숫자를 돌에다 새겨넣어야 할 때는 이런 표기법이 유리하지만, 계산을 위해서는 엄청난 재앙이 아닐 수 없었다! 하나의 수가 다양한 의미를 가질 수 있게 되었기 때문이다. I는 보통의 경우 1을 더한다는 뜻이지만, V나 X 앞에 놓이면 1을 뺀다는 것을 의미했다.

그건 그렇고, 로마인들은 대체 어떻게 계산을 했을까? 계산을 하지 않았다면 콜로세움을 세우지도, 세계 제국을 관리하지도 못했을 텐데. 로마인들은 주판을 이용했다. 주판을 통해 계산한 결과를 다만 문자 형식으로 적기만 한 것이다.

특히 곱셈과 같이 복잡한 계산 과정은 이 문자를 가지고는 전혀 불가능해 보인다. XIV 곱하기 XXIII? 로마인에게는 주판을 이용한 천재적인 트릭이 있었다. 그 트릭은 다음과 같다.

곱해야 하는 두 수를 나란히 기입한다. 그리고 왼쪽의 수를 둘로 나눠서 그 결과를 아래에 쓴다. 이때 그들은 아주 인심이 좋았다. 나누어서 딱 떨어지지 않는 경우 나머지는 버리는 것이다. XIV에서 시작하면 그 아래에 VII을 쓰고 그 다음에는 III을 쓴다. 그래서 I에 도달할 때까지 이 과정을 계속한다. 오른쪽 난에는 수를 두 배로 만들어나간다.

이제 하이라이트가 시작된다. 오른쪽 난의 수들 중 그 왼편의 수가 홀수인 수들을 더한다! 그러면 답이 나온다.

XIV 곱하기 XXIII의 예를 그림으로 그려보자.

XIV	XXIII
VII	XLVI
III	XCII
I	CLXXXIV

그러니까 XIV × XXIII=XLVI+XCII+CLXXXIV=CCCXXII. 우리가 흔히 쓰는 방식대로 쓰면, 14 × 23=46+92+184=322.

복잡해 보이고, 실제로도 복잡한 방식이다. 그렇지만 로마인들은 정말 그렇게 곱셈을 했다!

일그러진 현실

이 픽토그램을 그린 사람은 기술이 부족했던가? 아스팔트 위의 자전거 그림이 왜 일그러져 있는 걸까? 일부러 그렇게 만든 것이다. 가령 자동차 운전자에게 이 그림은 그 비례 때문에 전적으로 올바르게 보인다. 어떤 특정한 시각視角에서는 그런 것이다. 원근법 때문에 이런 일이 생긴다.

아마 대부분은 이런 경험이 있을 것이다. 길을 걷다가 자전거 그림을 본다. 도로 위에 그려진 자전거. 그런데 뭔가 좀 특이하다. 삐딱하고 일그러져 있다. 그림을 그릴 때 주의를 기울이지 않은 것일까?

우리는 자전거가 어떻게 생겼는지 잘 알고 있으며 아스팔트 위에 축척에 맞게 자전거를 제대로 그려야 한다고 생각한다. 그게 그리 어려운 일도 아니리라. 그런데 여기서는 그걸 못한 것이다. 어떤 식으로든 자전거는 일그러져 있다. 보행자인 우리의 관점에서 이 그림은 불편하다.

그러나 다른 관점도 존재한다. 자동차 운전자가 멀리서부터 달려오며 바닥에 그려진 자전거를 바라보면, 그는 (어느 정도 거리를 둔 상태에서) 그림을 제대로 보게 된다! 그에게는 아주 평범한 자전거처럼 보이는 것이다. 모든 부분이 서로 잘 부합하고 비율도 맞아떨어진다.

수수께끼의 해답은 원근법이다. 요컨대 이 그림은 잘못 그려진 게 아니다. 다시 말해 멀리서 바라볼 때 '올바르게' 보이도록 면밀한 규칙에 따라 원근법적으로 일그러뜨린 것이다.

이를 어떤 방식으로 표상할 수 있을까? 우리는 언제 두 개의 선들을 동일한 길이로 느끼는가? 간단하다. 두 직선들의 끝점들을 동일한 각도 하에서 볼 때 그렇다.

예를 들어 10도라는 동일한 각도에서 보는 모든 직선들을 우리는 동일한 길이로 지각한다. 이를 좀더 구체적으로 말해보자. 우리 앞에 수직으로 세워진 평면 위에 자전거가 축척에 맞게('올바르게') 그려졌다고 가정한다면, 동일한 길이로 그려진 자전거의 부분들을 (대략) 동일한 길이로 지각하게 될 것이다.

그런데 자전거가 바닥에 누워 있다고 치자. 이 자전거를 어떤 거리를 두고 바라본다면, 앞쪽에(그러니까 '자전거 아랫부분에') 놓여 있는 10센티미터 길이의 선은 저기 훨씬 뒤쪽에(그러니까 '자전거 윗부분에') 놓여진 동일한 10센티미터 길이의 선보다 더 큰 각도 하에서 나타난다. 그래서 더 앞쪽에 위치한 선은 우리에게 더 길게 느껴진다.

원근법적 그림을 위해서는 이를 거꾸로 적용시켜야 한다. 저 뒷쪽의 선들을 더 길게 그려야 하는 것이다. 그래야 이 그림을 떨어져서 볼 때 올바르게 느낄 테니까.

원근법적 회화 기술은 지금으로부터 500년도 더 이전 이탈리아에서 발명되었다. 이를 통해 화가들은 이차원의 캔버스에 삼차원의 공간을 묘사할 수 있게 되었다. 이러한 공간적 효과는 당시 선풍적인 인기를 불러모았다.

자, 원근법의 스펙터클한 광경을 어디에서 또 볼 수 있을까? 텔레비전에서 축구 경기를 시청할 때 골라인에 붙어 있는 광고들을 보라! 이 평면들은 수직으로 서 있는 것처럼 보이지만, 실은 바닥에 누워 있다. 텔레비전 카메라의 관점에서 모든 것이 완벽하게 보이도록 원근법적으로 정확하게 만들어진 것이다. 다음번에 꼭 주의해서 확인하시길!

미는 대칭이다 19강

대칭적인 얼굴은 아름답다. 대칭적인 건물은 위풍당당하다. 균제는 여러 분야에서 중요하다.

휴가철에 해변에 누워 편안한 마음으로 주위 사람들을 관찰해보자. 과감하게 벗어젖힌 사람들. 그 덕에 몸매의 미추 역시 무자비하게 드러난다. 기막히게 매력적인 사람이 있는가 하면, 차라리 옷을 걸치고 있는 편이 나았을 사람들도 있는 것이다.

아름다움의 기본적인 특징은 우리 모두 가지고 있다. 그것은 대칭이다. 앞에서 혹은 뒤에서 관찰했을 때 우리 인간은 서로 (거의) 동일한 반쪽 두 개로 이루어져 있다. 물론 오른쪽과 왼쪽 사이, 완벽한 대칭을 무너뜨리는 약간의 예외가 있기는 하다. 심장은 왼편에 있고, 가르마 역시 한쪽에 있다. 그러나 대부분의 경우, 우리 인간의 몸은 놀라울 정도로 대칭적이다.

대칭적인 대상들은 일상적으로 우리에게 매우 친숙하다. 그러므로 우리는 그 균일한 아름다움을 의식적으로 지각하지 못한다. 동물들은 대칭적이다. 그리고 자동차, 수많은 건물, 여러 식물들도 그렇다.

대칭은 안정감을 준다. 비대칭적인 생명체와 자동차는 제대로 조종을 하지 않으면 앞으로 똑바로 가지 않을 것만 같다. 과거에는 커다란 건물 대부분이 대칭으로 지어졌다. 나는 두 가지 이유 때문에 그러했다고 생각한다.

먼저 대칭적인 건물들이 비대칭적인 경우보다 더 안정적이기 때문이다. 장난감 블록을 가지고 탑을 높이 쌓던 어린 시절을 상기시켜보자.

또 다른 이유는 대칭적 건물이 비대칭적 건물보다 더 깊은 인상을 주기 때문이다. 궁전이나 학교부터 기차역까지, 중요한 건물들이 대칭으로 지어진 것은 놀라운 일이 아니다.

대칭은 질서를 보여준다. 대칭적인 배열 안에서는 어느 한 부분이 툭 튀어나와 춤추지 않는다. 여기에는 긍정적인 점도, 부정적인 점도 있다. 대칭적으로 잘 배열된 단체사진은 좋은 인상을 준다. 다른 한편 전체주의 정권이 좋아하는 집단행진의 매혹은 모든 개인이 동질적인 전체로 합체된다는 느낌을 주기도 한다. 그리고 이를 통해 주입된다. 너는 다만 전체의 일부일 뿐이다. 정렬하지 않는 자는 배제될 것이다.

대칭은 아름답다. 많은 그림들은 대칭적으로 그려졌다. 그림들은 균형 잡힌 안정감을 주는 한편 대립적인 긴장감을 주기도 한다. 복합적인 대칭을 통해서야 비로소 질서와 카오스 간의 적절한 비율이 나타난다.

자동차 바퀴 테는 우리가 매일 부딪히는 대칭의 흥미로운 예다. 여기에는 안정감과 아름다움이 결합된다. 바퀴 테가 둥글기 때문에 그 대칭은 회전 대칭이다. 이는 바퀴 테 하나가 다양한 각도 아래서 동일하게 보인다는 사실을 뜻한다. 5회 대칭일 경우 바퀴를 (360도를

5로 나누어서) 72도 돌리면, 바로 전과 똑같이 보인다. 자동차 바퀴에는 5회 대칭뿐 아니라 7회 대칭, 9회 대칭도 있다.

바퀴 테에는 두 가지 종류가 있다. 순수하게 회전대칭만을 가진 것과, 대칭축까지 가진 것이다. 다시 말해 후자는 바퀴 테들이 돌아가면서 이전과 똑같이 보일 뿐 아니라, 거울에 비친 모습처럼 두 개의 반쪽으로 나눠지기도 한다는 것이다.

여러분 주위를 한 번 돌아보라! 일상적인 것들 속에서 수학적인 구조를 찾을 수 있다.

위성 안테나의 포물선 20강

위성 안테나들 때문에 집들이 엉망이 되는 것은 이제 도시의 일상적인 모습이 되었다. 그런데 그 안테나 접시들 안에 영리한 수학이 숨어 있다는 사실에 대해서는 거의 아무도 생각하지 않는다.

옛날 옛적 위성 안테나가 없던 시절, 건물에서 툭 튀어 나온 이 둥근 물건들이 아직 없던 그 시절에 집들은 반듯하고 균형 잡혀 있었다.

그렇게 오래 전도 아니다. 독일에서는 1988년 말 아스트라Astra 위성을 통해 최초의 위성 방송이 이루어졌다. 잊지 말아야 할 일이 또 하나 있다. 독일 통일 이후 구동독 지역에서 최초로 대박을 터뜨린 상품 중 하나가 위성 안테나였다.

초창기, 위성접시('위성 수신거울')에 대해 논란이 없었던 것은 아니다. 문화재 보호 운동가들의 항의가 있었고, 건물의 아름다움과 우아한 균형을 중시하는 사람들이 반대 의사를 표명했다. 이러한 항의들은 정당했지만 효과는 없었다. 위성접시 기술은 급속도로, 타협의 여지없이 관철되었다. 이유는 분명했다. 위성을 거쳐 송신된 텔레비전 프로그램들을 어디서든 가장 간단한 기술(접시에 붙은 장치들의 수가 얼마나 적은지 보라!)만으로도 수신할 수 있었기 때문이다.

이 접시들은 대체 어떻게 작동하는 것일까? 위성에서 보내는 전파는 접시에 하나로 모아진다. 전파가 모이면, 접시 앞에 있는 작은 수신기가 집중된 그 전파들을 수신한 뒤 다음 단계로 넘겨줄 수 있다. 마치 거미줄에 거미가 도사리고 있는 것처럼, 수신기는 위성접시의 초점에 도사리고 있다.

전파들을 초점으로 모으기 위해서 그 장치는 정확히 설치되어야 하는데, 이것은 그리 간단하지 않다. 회전 대칭 구조물인 안테나의 회전축이 정확히 위성을 가리켜야 하는 것이다.

양철을 구부려서 직접 그 위성접시를 만들 수 있을까? 임시변통으로 샐러드 담는 접시를 사용할 수는 없을까? 그럴 수 없다! 위성 안테나의 형태가 이 장치의 하이라이트다. 이 접시는 특정한 형태를 가질 때에만 제대로 작동한다. 그것은 하나의 초점을 가져야 한다.

그 둥근 물건을 전체로 생각하지 말고, 일단 가운데를 절단해보자. 물론 머릿속에서만. 우리가 자른 그 절단선은 중점을 통과하면서 회전축과 동일한 평면 위를 지난다. 접시는 두 개로 나눠지고, 그 절단면을 따라 곡선이 생겨난다. 그 곡선이 중요한 것이다.

이 곡선은 포물선이다. 아마도 여러분은 학교에서 포물선에 대해 배운 것을 기억하리라. 그런데 위성 안테나의 포물선은 우리가 배운 표준 포물선과 왠지 다르다. 훨씬 좁아 보이는 것이다. 그럼에도 불구하고 이 곡선 역시 포물선이다. 그리고 우리는 (수학적으로) 그 접시를 포물선이 대칭축 둘레를 회전하여 나타난 것이라고 생각할 수 있다.

모든 수학자와 거의 대부분의 학생들은 알고 있다. 포물선은 하나의 초점을 가진다. 전파들은 초점을 통과하도록 반사된다. 물론 포물선의 대칭축과 평행하는 전파들만 그렇다. 접시를 설치할 때는 바로 그 점을 잊지 말아야 한다.

왜 우리는 위성접시에 표준 포물선을 사용하지 않는 것일까? 이유는 간단하다. 표준 포물선의 초점은 꼭짓점에 너무 가까이 놓여 있다. 너무 가까워서, 순전히 기술적인 문제 때문에 그곳에 수신기를 설치할 수 없는 것이다. 반면 포물선이 납작할수록 초점은 바깥에 놓이게 된다.

간단히 말해 위성 수신거울은 포물선의 수학에 근거해 성공한 셈이다.

수학자들은 하나의 사슬이 지니는 그 아름다운 형태의 곡선을 진부하기는 하지만 '사슬선(독일어로는 사슬선Kettenlinie이라고 부르지만 한국어로는 일반적으로 현수선이라고 부르므로, 이하 현수선으로 번역한다.—옮긴이)'이라고 부른다. 그리고 수학자들은 오로지 하나의 현수선만이 존재한다는 사실을 발견했다. 목걸이든, 줄넘기든 교량이든, 언제나 동일한 곡선이다.

나한테는 내 딸이 세상에서 제일 예쁘다. 그 아이를 사랑하기에 기꺼이 옷을 사주고 싶지만 그래서는 안 된다. 마리아는 아주 독특한 취향을 가지고 있으며 내가 자신에 대해 아무것도 모른다고 확신하기 때문이다. 게다가 그 아이는 쇼핑을 아주 좋아한다. 물론 쇼핑은 시간이 무척 오래 걸린다. 그러니까 티셔츠든 바지든 치마든 그 아이의 마음에 100퍼센트 들어야 하는 것이다.

옷을 사는 것보다 더 어려운 것이 장신구를 고르는 일이다. 이때 그 아이의 미의식이 거기 나와 있는 상품들이나 자신의 주머니 사정과 조화를 이루는 일은 드물다. 반지는 그런대로 괜찮다. 그러나 목걸이는 그야말로 진정한 도전이라고 부를 수 있다. 마리아는 영원히 찾고 또 찾는다. 자신에게 완벽하게 어울리지 않는 것을 사느니 차라리 아무것도 사지 않는다. 그렇지만 아이가 목걸이를 하나 골라 그것을 목에 걸고 (잘 그러지는 않지만) 나에게 보여줄 때 그 목걸이는 그야말로 완벽하게 어울린다.

물론 그렇게 어울리는 이유는 내 딸이 정말로 아름답기 때문이다. 나는 그렇게 생각한다. 그러나 또 다른 수학적 이유가 있다. 그것은 목걸이가 자동적으로 가지게 되는 우아한 형태 때문이다. 목에 걸린 목걸이는 양쪽 줄이 아래로 늘어진다. 처음에는 수직으로 그리고 다음에는 약간 기울어져서, 그리고 마침내 아랫쪽에서야 호를 이룬다.

수학자들은 그러한 '현수선'을 대개의 경우 내 딸 없이도 상상한다. 사슬은 두 점에, 다른 부분에는 걸치지 않고 매달려야 한다. 목에 있어서는 그 양쪽 면이다. 그렇기 때문에 사실 목걸이가 이루는 형태는 완전한 현수선에 다만 근접할 뿐 수학적으로 완전하진 않다.

우리는 주변의 여러 곳에서 현수선들을 볼 수 있다. 전봇대 사이에 연결된 전선들도 현수선을 이루고, 줄넘기도 마찬가지다. 다리조차도 거의 눈에 띄지 않지만 현수선을 이루고 있다(물론 현수교는 여러 점들에서 지지되는 다리들과는 다소 다른 형태를 가진다).

우리 주변의 현수선은 때로 좀더 납작하거나 가파르다. 어딘가에 걸리는 두 점이 서로 얼마나 떨어져 있느냐에 따라 모양이 조금씩 달라진다. 그러나 흥미로운 사실은 기본적으로 현수선은 한 가지 형태만 존재한다는 점이다. 내 딸의 목걸이를 적당히 확대해보면, 하나의 전선을 형성하는 곡선의 어느 부분을 얻게 된다.

이는 정사각형에서도 마찬가지다. 정사각형에는 한 가지 종류밖에 없다. 수학자들은 이렇게 말한다. '임의의 두 정사각형은 서로 닮은꼴이다.' 이에 반해 직사각형에는 다양한 형태가 있다. 길고 가는 직사각형과 짧고 두꺼운 직사각형은 수학적으로 보아도 닮은꼴이 아니다.

임의의 두 정사각형과 마찬가지로 임의의 두 현수선은 닮은꼴이다. 거기에는 작거나 크게 보이는 오로지 하나의 형태만이 있다.

현수선을 하나의 포물선이라고 생각할 수도 있을 것이다. 하지만 틀린 생각이다. 꼭짓점에서 포물선과 현수선이 근접할 수 있으나, 현수선은 포물선보다 더 강하게 올라간다. 현수선은 지수적으로 상승한다. 그 말은 그러니까 포물선보다 훨씬, 훨씬 더 강하게 상승한다는 것이다.

서로 경쟁을 통해 이러한 사실과 현수선에 대한 공식을 발견한 것은 1690년 (초기 미분 계산의 영웅) 고트프리트 빌헬름 라이프니츠 Gottfried Wilhelm Leibniz, 크리스티안 호이겐스Christiaan Huygens, 요한 베르누이Johann Bernoulli와 야콥 베르누이Jakob Bernoulli였다. 그들은 전기도 몰랐고, 떠 있는 다리도 몰랐고, 내 딸 마리아도 몰랐다. 그럼에도 불구하고 그들은 이들 셋의 공통점이 무엇인지 미리 알아냈던 것이다.

만화경의 원리 22강

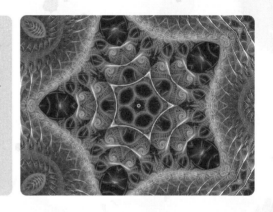

아이들 장난감이지만 아름답다. 만화경의 울긋불긋한 세계 뒤에 숨어 있는 기술은 성인에게도 흥미진진한 내용일 것이다.

이건 아이들 장난감이다. 풀로 붙여 만든 마분지 관. 여러분이 이 물건의 내부를 마지막으로 들여다본 것은 오래 전 일이리라. 그때 본 것을 지금 떠올릴 수 있겠는가? 다채로운 색깔? 어떤 문양? 여러분이 관을 돌리면 그림이 바뀌지 않던가?

그렇다. 그러나 그것은 진실의 한 부분일 따름이다. '만화경'을 돌리지 않고 빛을 향해 들고만 있어도, 유리나 플라스틱 구슬들이 관의 구멍보다 훨씬 더 크게 확대된 그림을 보여준다는 사실에 우리는 다시 한 번 놀라게 된다. 이 만화경을 천천히 돌리면, 구슬들은 아무렇게나 움직이는 것이 아니라, 하나의 문양을 형성한다. 바깥쪽 영역들은 안쪽 영역과 동시적으로 변화한다. 그것들은 흡사 원격 조종되는 것처럼 서로 연관되어 있다. 아주 면밀하게 바라보면 이런 효과를 깨달을 수 있다. 만화경을 돌릴 때 유리 구슬들이 뒤집어지면 어떤 것들은 시계 방향으로, 다른 것들은 시계 반대 방향으로 곤두박질친다.

애들 장난감일 뿐이라고? 물론 그렇다. 그러나 우리 어른들은 이것이 어떻게 기능하는지 알고 싶어한다. '만화경Kaleidoskop'이란 말은 세 개의 그리스어가 조합된 단어로 '아름다운 그림 보는 도구'를 뜻한다. 만화경은 저작권의 보호를 받는 몇 안 되는 수학과 물리학 실험 중 하나이기도 하다. 스코틀랜드 물리학자 데이비드 브루스터 David Brewster는 1817년 7월 10일 이 장난감으로 특허를 얻었다. 1819년 그는 〈만화경 이론Treatise on the Kaleidoscope〉이라는 논문을 써서 이 발명품을 널리 알리기도 했다.

이 만화경에서 특허를 받을 만한 점이 무엇인가? 모든 특허에서와 마찬가지로 여기에서도 한 가지 풀어야 할 문제가 있었고 이것은 기술적으로 해결되었다. 그 문제는 아름다운 문양을 만드는 것이었는데 거울을 사용함으로써 해결되었다.

만화경 안에는 단지 울긋불긋한 구슬만 들어 있는 게 아니다. 이 구슬들이 아름다운 모습을 만들어주는 것은 더더욱 아니다. 이들은 문양을 만들지 못한다. 문양은 세 개의 거울을 통해서 만들어진다. 그것도 완전하게 자동적으로. 만화경의 단면을 볼 때 거울들은 정삼각형을 이루도록 배치된다. 가장 앞쪽에서 만화경 내부는 두 개의 젖빛 유리를 통해 막혀 있고, 그 사이에 구슬이 들어 있다.

이 거울들이 어떻게 그리도 아름다운 무늬들을 만들어내는가? 우선 하나의 구슬만을 생각해보자. 이 구슬은 세 개의 거울에 모두 반사된다. 첫 번째 거울, 두 번째 거울, 세 번째 거울. 그러나 첫 번째 거울에 비친 구슬의 모습 역시 두 번째 거울과 세 번째 거울에 반사된다. 마찬가지로 두 번째 거울과 세 번째 거울에 비친 구슬의 모습도 다른 거울에 반사된다. 이제 '두 번째 종류의 투영상들'이 다시 반사된다. 이렇게 계속된다. 이제 무한한 무늬들이 나타난다. 만화경 안에는 물론 하나의 구슬이 아니라, 수많은 구슬들이 들어 있다. 그 구슬들은 우연하게 배열되어 거울을 통해 하나의 구조로 나타난다. 저절로 아름다운 그림이 되는 것이다. 그리고 그것이 주는 매혹은 우연과 질서의 결합을 통해 설명할 수 있다.

다음번에 만화경 안을 들여다볼 일이 있다면, 그림의 색깔이 아니라 구조에 한번 주목해보라. 여러분은 완전한 정삼각형들로 이루어진 하나의 문양을 발견할 것이다. 외부에 보이는 각 삼각형들은 그에 인접한 내부 삼각형의 투영상이다.

여러분은 깨닫게 될 것이다. 만화경 안에서 어떤 일이 일어나는지 이해할 수 있게 되었다는 사실을. 그렇다고 해서 만화경이 마력을 잃는 것은 결코 아니다.

치안당국은 여권에 지문을 인쇄하고 싶어한다. 그것이 혼동할 수 없는 표식이기 때문이다.

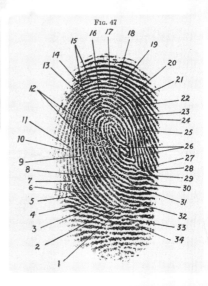

FIG. 47

당신의 손으로부터, 특히 손금으로부터 당신의 성격, 과거, 미래를 읽을 수 있다. 최소한 그렇게 주장하는 사람들이 있다. 믿기 어려운 일이다. 어쩌면 여러분은 속임수라고 생각지 모른다.

내가 당신들에게서 취하고자 하는 것은 그보다 훨씬 작은 부분이다. 손 전체도 아니고, 단지 손가락 하나. 그것도 손가락을 눌러 찍도록 할 뿐이다.

당신을 범죄자로 간주하기 때문에 그런 것은 아니다. 오히려 그 반대다.

당신의 지문으로부터 나는 아무것도 읽어낼 수 없다. 당신의 과거를 재구성할 수도, 미래를 예측할 수도 없다. 성격을 조사할 수는 더더욱 없고, 그러고 싶은 생각도 없다.

지문은 오로지 당신을 다른 모든 사람들과 구별하는 데 일조할 뿐이다. 동일한 지문을 가지는 두 사람은 결코 존재하지 않기 때문이다. 심지어 일란성 쌍둥이조차 지문의 디테일에 있어서는 서로 구별된다.

조금 더 신중하게 말해보자. 두 사람에게서 동일한 지문을 발견할 확률은 약 10억분의 1로 보고 있다.

지문 감식을 위해서는 다만 피부 융선, 즉 손끝의 금만이 필요하다. 사실은 그것조차 다 필요한 게 아니다. 오로지 이른바 특징점이라고 부르는 융선 끝점 및 분기점만 있으면 된다. 한 사람을 분명하게 식별하는 데에는 특징점 20개면 충분하다.

정말 놀라운 일이다. 하지만 그렇게 추출해낸 지문이 당신에 대한 본질적 정보를 담고 있는 건 아니다.

지문은 개인 식별을 위한 이른바 생물계측법의 한 예다. 우리는 여러 가지 방법으로 한 사람을 식별할 수 있다. 나는 배우자를 겉모습, 목소리, 걸음걸이로 알아볼 수 있다. 기술적으로 유용한 특성 인식에는 오래 전부터 알려져왔던 지문 외에도, 성문聲紋 인식 및 안면 인식, 그리고 안저 측정 등이 있다.

생물계측 방식의 의미는 2001년 9월 11일 이후 극적으로 커졌다. 이유는 분명하다. 지문이 들어 있는 신분증이라면 그 신분증이 그것을 내미는 사람에게 속하는지 아닌지를 의심의 여지없이 입증할 수 있기 때문이다.

지문이 포함된 신분증은 위조 방지에 있어 새로운 차원을 의미한다. 한마디로 말해 나는 내 배우자의 여권사진보다 지문을 통해 그녀를 더욱 잘 확인할 수 있다. 이런 내 말을 그녀에게 고자질하지는 말기를!

물론 신분증에 지문을 넣는 것에 반대하는 논리도 있다. 당신이 지문을 온갖 곳에 남기고 다닐 수 있기에, 비교적 큰 수고를 하지 않고 당신의 동선이 파악된다.

2005년 11월 이후 발행된 EU의 여권에는 디지털화한 사진이 부착된다. 반면 2007년 11월부터 발행된 독일 여권은 소유자의 지문 두 개를 포함하고 있다.

만일 고대의 맥주잔 아래에도 마분지 받침을 깔았다면, 고대 그리스인들도 카드 집을 위한 공식에 골몰했으리라. 그들은 이를 위한 수학은 이미 알고 있었던 것이다.

아이들이 아직 어렸을 때에도 우리 부부는 감히 아이들과 함께 외식을 하곤 했다. 그때 나는 이것이 아이들에게도 좋은 경험이 될 거라고 믿었다. 처음 몇 분 동안은 그 믿음에 대해 확신할 수 있었다. 테이블을 고르고 음료수와 식사를 선택하고 화장실을 처음 들르는 일은 즐거웠다. 그러나 아무리 늦어도 음료수를 한 잔 따라 마시고 난 후면 상황은 위험해지곤 했다.

부모들은 그러한 상황에 대비하고 있어야 한다. 식탁 위에 맥주잔 받침이 몇 개 있다면, '카드 집' 건축이 가능해진다. 잔 받침 두 개를 비스듬히 서로 기대어 세우는 일까지는 아직 간단하다. 그러나 카드 집이 2층만 되어도 집중이 필요하다. 우선 두 개의 카드를 비스듬히 서로 기대 세우는 일을 두 차례 한다. 그리고 그 위에 지붕처럼 수평으로 맥주잔 받침을 올려놓은 뒤 조심해서 다시 한 번 그 위에 두 개를 세운다.

카드 집의 안정성 여부는 그 기초에 달려 있다. 매끌매끌한 식탁이라면 집 전체가 쉽게 미끄러진다. 식탁보 위라면 카드 집은 훨씬 잘 유지된다. 하지만 내 아들 크리스토프가 받침 하나를 쥐려고 몸을 구부리다가 식탁보라도 잡아당기게 되면, 카드 집만 무너지는 것도 행운일 정도다.

나는 크리스토프가 얼마 남지 않은 받침들을 몽땅 가지려는 마음을 이해한다. 금방 다 없어질 것이기 때문이다. 우리가 여기까지 만드는 데 벌써 일곱 장이나 소비되었다. 3층짜리 집을 만들려면 몇 개나 필요할까? 크리스토프와 마리아는 얻을 수 있는 맥주잔 받침들은 모두 긁어모았고, 그러다보니 이제 옆 식탁의 손님들까지 우리 아이들을 알게 되었다.

나는 카드 집을 잘 쌓지 못한다. 그래서 자리에 앉아 얼마나 많은 맥주잔 받침이 필요하게 될지를 곰곰이 생각해보았다. 나는 우리가 이미 만든 이층짜리 집이 새로 만들 집의 윗부분을 이루는 모습을 상상했다. '아래로 밀어넣을' 일 층은 이제 두 장씩 서로 기대놓은 카드 세 쌍과 그 위 지붕에 수평으로 놓은 두 장의 카드로 이루어진다. 그러니까 여덟 장이 덧붙여지고, 우리는 총 열다섯 장이 필요하게 된다.

"4층짜리 집을 지으려면 깔판이 몇 개 필요할까?" 내가 너무 큰 소리로 자문했나보다. 마리아가 아주 단호하게 말했다. "아빠는 3층짜리 집도 못 짓잖아요! 그렇지만 우리가 지을 테니까 조금만 도와주세요!"

크리스토프가 투덜댔다. "안 도와줘도 돼요. 아빠가 도와주면 우리가 집을 못 지어요!"

그래도 나는 4층 건물을 지으려면 카드가 몇 장이나 필요할지 계산했다. 분명하다. 3층짜리 건물을 (머릿속으로) 위로 들어올리고 그 아래에 새로 한 층을 쌓는다. 4×2+3, 그러니까 열한 장의 카드가 더 필요하다. 그러니까 우리에게는 총 스물여섯 장의 카드가 필요하다.

그리고 다음에는 어떻게 되지? 다음 수는 무엇일까? 그 다음 숫자는 40이 될 것이다. 그러면 이것을 계산하는 공식도 있을까? 있다. s층짜리 카드 집을 쌓기 위해서 우리에겐 정확히 s(3s+1)/2개의 카드가 필요하다. 그러니까 10층짜리 카드 집에는 10×31/2, 즉 155장의 카드가 들어간다.

이러한 수열은 아주 오랜 전통을 지녔다. 2,500여 년 전 그리스인들이 이미 이러한 형상수形象數들을 연구했다. 예를 들어 사각수, 그러니까 사각형으로 배열할 수 있는 수들이 그렇다. 아니면 삼각형을 그릴 때 나타나는 1, 3, 6, 10… 이라는 삼각수들이 그렇다. 만일 그리스인들이 당시 맥주잔 받침만 가지고 있었다면, 카드 집 수인 2, 7, 15, 26… 도 연구했을 것이라고 나는 확신한다.

"아빠, 이거 봐요!" 마리아가 외쳤다. 정말로 내 아이들이 카드 집을 지었다. 4층짜리 집을. 이건 진짜 대단한 업적이다. 나는 아이들이 서로 협력하는 모습에 감탄했고, 칭찬을 아끼지 않았다. 이 집을 짓는 데 정확히 스물여섯 장의 맥주잔 받침이 필요했다는 사실, 그리고 고대 그리스인도 기본적으로 이와 유사한 수열들을 다루었다는 사실은 아이들에게 설명하지 않았다. 웨이터가 스테이크와 감자튀김을 가져왔기 때문이다.

로마의 성 베드로 성당 앞 광장은 어마어마한 인파들이 모일 수 있도록 설계되었다. 그럼에도 불구하고 이 광장은 타원형인 덕분에 위압적이 아니라 우아하게 보인다.

부활절은 바티칸에서는 성수기다. 수십 만 명의 신도들이 순례를 위해 로마로 온다. 성 베드로 성당 앞의 거대한 둥근 광장에 모인 수많은 신도들 앞에서 교황이 "우르비 에트 오르비urbi et orbi"라고 축복하는 것을 듣기 위해서다.

1656년, 기안 로렌조 베르니니Gian Lorenzo Bernini는 성 베드로 광장이 어마어마한 수의 인파들을 수용할 수 있도록 설계했다. 광장은 숭고하고 장엄한 느낌이지만 위압감을 주지는 않는다. 이는 무엇보다도 형태 때문이다. 이 광장은 명확하게 좌우와 전후를 지닌 네모꼴도, 완전히 둥근 원형도 아니다. 고귀한 느낌을 주는 타원형이다. 타원은 아름답게 균형 잡힌 형태다. 왼편과 오른편, 위와 아래가 동일하게 굽어져 있다. 꼭짓점이나 모서리도 없고, 높이보다 폭이 더 길다. 평상시에 광장은 성 베드로 성당으로 들어가는 입구 역할을 하기 때문이다.

우리는 건축가가 사용한 또 다른 트릭을 눈치챌 수 있다. 광장에서 성 베드로 성당으로 가려면 광장을 길게 가로지르지 않는다. 광장은 가로 방향으로 펼쳐져 있으므로, 더욱 가깝게 방문자들을 성당으로 이끌어간다.

축복이 끝난 뒤 신자들은 근처 수많은 음식점들 중 하나를 찾아 점심식사를 한다. 어쩌면 그 전에 음식점보다 더 많은 술집 중 한 곳에서 아페리티프를 한 잔 할지도 모른다. 여성 순례자라면 오렌지 주스를 한 모금 마신 다음 그 원기둥 모양의 잔을 '비스듬히' 들고, 그녀와 함께 온 남자는 원뿔형 잔에 담긴 이탈리아 샴페인 스푸만테를 '기울여' 마실지도 모른다.

이때 두 사람은 자신이 마시는 음료의 표면이 달걀형임을 알게 된다. 그리고 이것이 성 베드로 광장의 형태를 떠올리게 할지 모른다. 정말로 수학적으로 본다면 이들은 모두 한 가지 현상과 연관되어 있다. 그것은 타원이다.

술집에서 보는 타원은 이 기하학적 형태의 수학적 정의로 간주될 수 있다. 타원들은 이른바 원뿔 곡선이다. 이것이 무슨 뜻인가. 원뿔을 직선으로 절단해내면 타원을 얻는다는 뜻이다.

그렇다고 예쁜 원뿔형 샴페인 잔을 자르지는 않을 것이다. 단지 잔을 비스듬히 들고 액체의 수면을 바라보기만 해도 같은 효과가 나타난다. 스푸만테의 표면은 타원을 이룬다.

그렇다면 왜 원기둥형 잔에 담긴 오렌지 주스의 표면도 마찬가지로 타원을 이루는가? 그것은 원기둥이 원뿔의 특수한 경우이기 때문이다. 우리가 (머릿속에서) 원뿔의 끝을 점점 멀리 잡아당기면 원뿔은 점점 날카로워진다. 그리고 원뿔의 표면은 점점 가파르게 되면서 점점 원기둥형으로 변한다. 그 끝이 '무한 속에' 놓여 있는 특수한 경우에 우리는 원기둥을 얻게 된다.

덧붙일 말이 있다. 샴페인 잔을 비스듬히 들고 자세히 본다면, 그때 생겨나는 면이 타원이 아니라 오히려 아래가 더 날카롭고 위는 편평한 달걀꼴이라고 생각하게 될지 모른다. 만일 당신이 그렇게 생각한다면, 어느 뛰어난 예술가에게 동의하는 셈이다. 위대한 화가 알브레히트 뒤러Albrecht Durer(1471~1528)도 이러한 생각을 했다. 그는 심지어 원뿔 곡선이 달걀꼴임을 증명하는 듯한 구조물을 스케치 하기도 했다.

그러나 뒤러는 잘못 생각했다. 비스듬히 든 샴페인 잔은 정말로 타원형이다. 그러니까 위와 아래뿐 아니라 오른편과 왼편도 동일하게 보이는 곡선, 두 개의 대칭축을 지닌 곡선일 뿐이다.

제곱근 구하기의 간단함

엄청나게 큰 수의 13제곱근을 구하는 일은 실크모자에서 토끼를 꺼내는 일보다 쉽다. 우리의 수학 교수가 5분 과외를 제공한다.

1,265,437,718,438,866,624,512의 13제곱근은 무엇일까? 뭐라고? 이 어마어마한 숫자의 제곱근을 구하라고? 이 수가 몇 자리로 이루어져 있는지 세는 것조차 쉽지 않은 마당에!

그런데 정말 13제곱근이 어떻게 규정되는지 알지 못하는가? 이것을 계산하는 게 불가능하다고 믿는가?

아마도 그럴지 모른다. 그렇지만 이 계산이 초자연적인 힘이나 통찰력을 요구하는 건 아니다. 단지 약간의 수학이 필요할 뿐이다. 좀 더 간단한 문제를 풀어보자. 1,350,125,107의 5제곱근은 무엇인가? 십삼억 오천십이만 오천일백칠의 5제곱근이라……. 그러나 여러분께 약속한다. 앞으로 늦어도 5분 후면 여러분도 이 문제를 풀 수 있게 될 것이다!

대체 5제곱근이란 무엇인가? 자기 자신을 다섯 차례 곱하면 1,350,125,107이 되는 수이다. 예를 들어서 32의 5제곱근은 2이다. $2 \times 2 \times 2 \times 2 \times 2 = 32$이기 때문이다. 이를 간단히 $2^5 = 32$라고 쓰기도 한다. 이와 마찬가지로 243의 5제곱근은 3이다. $3^5 = 243$이니까.

자, 그러면 1,350,125,107의 5제곱근은? 첫 번째 기술은 제곱근의 1의 자리 수, 즉 우리가 구하고자 하는 답의 1의 자리 수를 결정하는

데 있다. 이 일은 아주 간단하다. 그 수는 7이다. 5제곱을 할 때 1의 자리 수가 변하지 않기 때문이다. 임의의 수 x에 있어서 x와 x^5의 1의 자리 수는 같다. 만일 x의 1의 자리 수가 3이라면 x^5의 1의 자리 수도 3이다. 물론 제곱을 할 때에는 변하는 것이 많다. 특히 수의 크기가 변한다. 그러나 5제곱을 할 때 1의 자리 수는 변하지 않는다.

그러니까 우리의 사례에 있어 1의 자리 수는 7이다. 이제 문제의 절반은 벌써 풀렸다.

그러므로 이제 우리는 10의 자리 수를 구해야 한다. 물론 정석대로 7^5, 17^5, 27^5 등을 차례차례 구해도 된다. 하지만 좀더 우아하게 풀어보자. 우리는 제곱근이 어떤 10자리 수 사이에 있어야 하는지 간단하게 추측할 수 있다. 예를 들어 40^5=102,400,000이고, 이 수는 우리가 가진 수보다 자다. 그러므로 제곱근은 40보다 커야 한나. 60^5=777,600,000로 우리의 수보다 여전히 작으므로 제곱근은 역시 60보다 커야 한다. 70^5=1,680,700,000으로 1,350,125,107보다 크므로, 제곱근은 70보다 작아야 한다. 그러므로 제곱근은 67이다. 매우 간단하지 않은가.

그렇다면 그 거대한 수의 13제곱근은 어떤가? 우선 1자리 수를 보자. '13제곱'에 있어서도 '5제곱'과 마찬가지 방법을 쓸 수 있다. 일반적으로 다음과 같이 말할 수 있다. 5, 9, 13, 17을 가지고 제곱을 할 때에는 1의 자리 수가 변하지 않는다. 스위스 수학자 레온하르트 오일러Leonhard Euler는 이를 훨씬 일반적인 맥락 속에서 발견했다. 그래서 이 사실은 '오일러의 정리'라고 불리기도 한다. 지극히 생산적인 이 수학자는 이밖에 수천 개의 정리를 증명했지만 말이다.

그 외에도, 다른 제곱(예를 들어 3제곱, 7제곱, 100제곱 등)에서도 1자리 수에 있어 확고한 규칙들이 존재한다. 이 규칙은 단지 13제곱보다 외우기가 조금 힘들 뿐이다.

그러면 서두에 언급한 그 어마어마하게 큰 수의 13제곱은 어떤가? 여러분은 이 수를 자세히 읽을 필요조차 없다. 다만 마지막 숫자만을 보면 알 수 있다. 13제곱근의 1의 자리 수는 2이다.

그러면 10의 자리 수는 무엇인가? 우리는 다시 한 번 대체적인 범위를 규정해야 한다. 다시 말해 10^{13}, 20^{13}, 30^{13} 등을 계산해야 한다. 40^{13}은 671,088,640,000,000,000,000이다. 21자리 수인 것이다. 우리의 수는 22자리이기 때문에 제곱근은 40보다 커야 한다. 반면 50^{13}은 벌써 23자리가 된다. 당연히 우리는 이 수의 13제곱근은 40과 50 사이에 있다고 추론할 수 있다. 그러므로 정답은 42이다!

앞으로 당신은 엉터리 거짓말에 속을 필요가 없다. 물론 많은 요술들은 무척이나 힘들다. 모자에서 토끼를 꺼내거나 처녀를 톱으로 자르거나 자유의 여신상을 사라지게 하는 일 따위가 그렇다. 그러나 제곱근 구하기는 그렇지 않다. 우리는 단지 대체적인 범위를 확정해 10의 자리 수를 얻고 약간의 수학을 통해 1의 자리 수를 구하면 된다.

우리의 열 손가락은 심심풀이로 쓸 수 있는 계산기다. 이 사진의 인물은 왼손 검지에 장애가 있는 것이 아니라, 4 곱하기 9가 몇인지 계산하고 있다. 그는 구부린 손가락의 왼편으로는 3개의 손가락을, 그 오른편으로는 6개의 손가락을 펴고 있다. 그래서 36이라는 수가 나온다

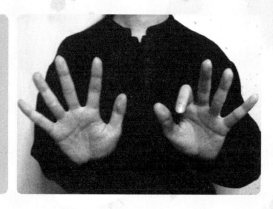

내가 학교에 다닐 때는 손가락으로 계산하는 것을 엄격히 금지했다. 만일 내가 덧셈 문제에 있어서 받아올림되는 수를 기억하기 위해('2를 기억하라') 그만큼의 손가락을 펼치고 있는 것을 여선생님이 본다면, 불행한 일이 생긴다. 아주 혼쭐이 나는 것이다. 물론, 왜 그래서는 안 되는지 아직도 모르겠다.

우리는 손가락을 가지고 훌륭하게 계산을 할 수 있기 때문이다. 물론 손가락을 받아올림을 위한 저장 수단으로만 사용하는 것은 지루한 일이다. 나는 당신이 파티에서 깊은 인상을 남길 수 있는 계산 재주 두 가지를 살짝 가르쳐주려고 한다. 이 두 요령은 우리의 손가락 열 개가 곱셈을 하는 데 있어 기본적으로 완벽한 도구라는 것을 보여준다!

첫 번째 트릭은 9를 가지고 하는 곱셈이다. 7 곱하기 9는? 7 곱하기 9는 63이다. 이는 왼편에 숫자 6이, 오른편에 숫자 3이 있는 하나의 숫자이다. 당신이 만일 구구단을 잊었다면 손가락을 가지고 간단하게 찾아낼 수도 있다. 손가락 열 개를 모두 활짝 펼쳐보자. 그 다음 9에 곱하고 싶은 숫자를 왼쪽에서 오른쪽으로 숫자를 헤아려본다. 우리의 예에서는 7이다. 왼손의 새끼손가락으로 시작해서 엄지로, 그리고 다음으로 계속하는 것이다. 7번째 손가락은 오른손의 검지가 된다. 이 손가락을 아래로 꺽어놓는다.

이제 당신 앞에 결과가 나온다. 구부러진 손가락의 왼쪽에 여섯 개의 손가락이 있고 오른쪽에 세 개의 숫자가 있다. 그리하여 전체적으로 숫자 63이 나온다. 우연이라고? 그러면 실험을 다시 해보자! 4 곱하기 9는? 왼쪽에서부터 시작해 4까지 세어보자. 그러면 왼쪽 손의 검지에 이르게 된다. 이것을 구부려놓는다. 그러면 왼쪽에는 세 개의 손가락이, 오른쪽에는 여섯 개의 손가락이 있게 된다. 그 결과는 36인 것이다.

이 트릭이 가능한 이유는 분명하다. 9단에 있어서 그 결과가 되는 수의 1의 자리 수와 10의 자리 수의 합은 언제나 9이다. 좀더 정확하게 말한다면, 10의 자리의 수는 항상 1씩 커지고 1의 사리의 수는 항상 1씩 작아진다.

이제 내가 당신에게 가르쳐주려는 두 번째 요령은 조금 더 복잡하다. 그리고 이는 첫 번째 것과도 완전히 다르다. 그러나 이것을 가지고 훨씬 더 많은 계산을 할 수 있을 것이다. 9뿐 아니라, 6, 7, 8을 가지고도 곱셈을 할 수 있기 때문이다.

이제 7 곱하기 8을 한다고 가정해보자. 당신의 왼쪽 손은 첫 번째 인수인 7을 위해, 오른쪽 손은 두 번째 인수 8을 위해 사용된다.

우선 여러분은 첫 번째 수를 더해서 10이 되는 수를 찾아내야 한다. '7 더하기 몇이 10인가?' 당연히 7 더하기 3이 10이다. 자, 이제 왼쪽 손에서 세 개의 손가락을 위로 펼친다. 두 번째 인수에 대해서도 마찬가지이다. '8에다 몇을 더해야 10인가?' 더 간단하다. 8 더하기 2는 10이므로, 두 개의 숫자를 위로 펼친다.

이제 손가락 몇 개는 위로 펼쳐져 있고 몇 개는 구부러져 있다. 아래로 구부러진 손가락들은 '무거운' 것이다. 이들은 10의 자리 수를 가리킨다. 손가락 다섯 개가 아래로 굽혀져 있다. 이는 50을 의미한다. 위로 펼쳐진 손가락들로는 1의 자리 수를 얻어낼 수 있다. 그러나 이번에는 양손의 손가락 수를 더하는 것이 아니라 곱해야 한다! 이 경우 2 곱하기 3은 6이다. 그래서 전체적으로는 50 더하기 6, 즉 56이 되는 것이다.

잠깐! 나는 이 셈법이 전통적인 방식보다 더 쉽다고 한 적은 없다. 다만 훨씬 더 재미있기는 하다. 이를 위해서 우리는 다만 '아주 낮은' 구구단만 할 수 있으면 된다. (2단, 3단, 4단, 5단) 그러면 구구단 전체를 풀 수 있는 것이다!

한번 시험해보라! 7 곱하기 7, 7 곱하기 9, 그리고 6 곱하기 7! 재미있게 즐기시기를!

그것은 살아 있는 생명체와 같다. 게다가 심술궂기까지 하다. 교통 체증은 오직 휴가의 시작을 엉망으로 만들기 위해 창조된 것이다. 그러나 여러분이 이 글을 읽는다면 최소한 그것이 어떻게 생겨나는지는 알게 된다.

보나마나 짜증나게 될 것이다. 여러분은 멋진 휴가 계획을 세웠다. 자동차에 짐을 실었고, 잊은 것은 없는지 다시 한 번 점검했다. 이제 문을 잠그고 안도의 숨을 내쉬면서 자동차로 들어가 앉는다. 그러면서 생각한다. "드디어 휴가가 시작되는구나!"

휴가가 시작된다. 그리고 교통 정체가 여러분을 맞이한다. 떠나는 시각이 언제든 그건 상관없다. 낮 동안 내내 그럴 것이고 밤중에도 마찬가지다. 심지어 반나절 먼저 출발해도 그렇다. 얼마 후면 차는 제자리에 서게 된다. 다른 수천 명의 휴가객들도 서 있는 자동차 안에서 휴가를 시작한다는 것이 위안이라면 작은 위안이다.

시간이 좀더 지나면 아이들이 신경을 건드린다. 그 전설적인 질문들("언제 도착하는 거예요?" "과자 더 없어요?")뿐이 아니다. 이제 아이들은 아는 척하면서 논리를 늘어놓는다. "왜 대체 차가 막히는지 모르겠어요. 모두가 좀더 일찍 떠난다면, 교통 체증 따위는 없을 거예요."

그러나 이 말은 짜증나는 상황의 해법이 되지 못한다. 교통 정체는 진정 어려운 문제다. 실제적인 상황뿐 아니라 그 이론에 있어서도 진정 어려운 문제다. 사람들은 교통 흐름을 서술하기 위해 다양한 모델들을 개발했고, 이를 통해 교통 정체가 성립되는 상황을 이해하고자 했다.

첫 번째 시도의 단초는 교통을 전체적으로 바라보면서 이를 마치 분말들이 날아다니는 것처럼 서술하는 것이었다. 또 다른 모델은 개별 자동차에서 시작해 각 자동차들의 행동이 다른 자동차들과의 관련 하에서 어떻게 변화하는지를 기술하고자 시도한다. 이러한 연구들을 통해 사람들은 그나마 교통 정체의 결정적인 변수가 앞 차의 속도 변화라는 것을 발견했다.

오늘날 우리는 교통의 흐름을 '세포 자동기계'를 통해 서술한다. 모든 자동차는 하나의 '세포'로 표현되며, 그들의 행동은 간단한 규칙에 의해 규정된다. 그 세포는 가능한 빨리 달리고자 하지만, 그렇다고 다른 세포의 길을 가로막아서는 안 된다. 여기에 세포들은 우연적인 특징들, 가령 꾸물거림이나 출발을 느리게 하는 등의 특징도 지닌다.

이 모든 모델은 교통 정체를 이해하고 예측하는 데 도움을 준다. 그러나 여러분은 깨닫게 된다. 이들 중 어떤 모델도 자동차 안에 지능을 지닌 존재가 앉아 있다는 사실로부터 출발하지 않는 것이다.

그렇다면 교통 정체는 왜 생겨나는가? 우선 파이프를 통해 흐르는 액체를 상상해보자. 파이프의 단면을 반으로 줄이면 액체는 가는 관을 통해 두 배의 속도로 흐르게 된다. 그래야 정체가 생기지 않기 때문이다.

자동차 교통은 이와 다르다. 이차선 도로에서 한 차선이 봉쇄되면 그 이전보다 두 배의 속도로 달려야 하지만, 실제로는 어떤 이유들 때문에 더 느려진다. 정체가 시작되는 것이다.

이것이 기본 원칙이다. 약간의 속도 저하가 경우에 따라 차선 봉쇄와 같은 영향을 미치게 된다. 그것이 사고 때문이든, 자동차 한 대가 느리게 달려서든, 차선이 굽어서든, 운전자가 풍경에 정신이 팔려서든, 이 모든 것이 국지적인 지연을 가져오고 전체적인 정체로 확산된다. 교통량이 많을 경우 자동차 한 대의 속도 저하로 인해 갑작스런 정체가 나타날 수도 있다.

교통 정체는 또한 한 지역에 머물지 않는다. 그것도 뒤편으로, 대략 시속 15킬로미터의 속도로 다가온다! 여러분이 다음 번 휴가를 떠날 때에도 교통 체증이 여러분을 제일 먼저 맞이할 것이다.

사랑에 빠진 사람이 꽃잎을 떼어내면서 자신의 운명을 알아내고
자 할 때, 이것은 초라하기는 하지만 기본적으로 비트 계산이다.

'그녀는 나를 사랑한다, 사랑하지 않는다. 사랑한다, 사랑하지 않는다…….' (우리가 당사자일 때 그렇게 생각하듯이) 이것은 때로 생사가 걸린 문제이다. 그리고 삶의 대다수 물음들이 그러한 것처럼 이 질문도 단 하나의 비트를 가지고 대답될 수 있다. 예, 아니면 아니오. 꽃잎이 남느냐 사라지느냐, 사느냐 죽느냐. 조금 냉철하게 이야기한다면 양수냐 음수냐, 짝수냐 홀수냐, 0이냐 1이냐.

이러한 이가성의 특징들, 특히 수학적인 측면들은 오랫동안 연구 대상이었다.

시작은 기원전 500년경 피타고라스학파였다. 그들은 수를 연구했다. 좀더 정확히 말하자면 수의 특성을 연구했다. 더욱더 정확히 말하자면 이 속성들 간의 관계를 연구했다. 예를 들어 그들은 '짝수'와 '홀수'에 대한 정의를 내렸다. 하나의 수는 2로 나누어 나머지가 없으면 짝수이고 그렇지 않으면 홀수이다. 피타고라스학파는 '짝수'와 '홀수'의 성질들을 발견했고 이들을 서로 관계 맺었다.

- 짝수에 1을 더하면 홀수를 얻게 된다('짝수 더하기 1은 홀수이다').
- 홀수 더하기 1은 짝수이다.

- 짝수 더하기 짝수는 짝수이다.
- 짝수 더하기 홀수는 홀수이다.
- 홀수 더하기 홀수는 짝수이다.

우리가 '짝수'를 0으로, '홀수'를 1로 간략하게 쓴다면, 위의 관계들 중 처음 세 가지는 다음과 같이 간단하게 쓸 수 있다. 0+0=0, 0+1=1. 이제 1+1=0이 되는 것도 놀라운 일이 아니다.

그러나 비트의 파워, 즉 이진 숫자를 발견한 것은 고트프리트 빌헬름 라이프니츠였다. 그는 우리가 비트를 가지고 두 개의 상태만을 기술할 수 있는 것이 아니라, 모든 수를 표현할 수 있다는 점을 깨달은 최초의 수학자였다. 자연수의 계열을 이진법으로 쓴다면 다음과 같다.

0, 1, 10, 11, 100, 101, 110, 111, 1000, 1001, 1010……

왜 그런가? 가령 이진수 1101을 살펴보자. 마지막 숫자는 1의 자리 수이고 이는 가수(加數: 더해야 할 수)인 $2^0(=1)$을 몇 차례 취하는지를 보여준다. 이진수 체계에서는 오로지 두 가지 가능성만이 존재한다. 한 번이거나 한 번도 아니다. 우리의 사례에서 수 1은 '한 번 취함'을 뜻한다. 뒤에서 두 번째 수는 $2^1(=2)$을 몇 차례 취하는지 보여준다. 한 번도 취하지 않거나 한 번 취하거나. 우리의 사례에서는 한 번도 취하지 않았다. 그렇게 계속된다. 뒤에서 세 번째 수는

$2^2(=4)$를 몇 차례 취하는지를 보여준다. 그리고 뒤에서 네 번째 수(이는 우리의 사례에서는 제일 왼쪽에 있는 수이다)는 $2^3(=8)$을 몇 차례 취하는지를 보여준다.

우리가 왼편에서부터 오른편으로 읽는다면 우리는 이진법 1101을 다음과 같이 해석할 수 있다.

$$1\times2^3+1\times2^2+0\times2^1+1\times2^0=1\times8+1\times4+0\times2+1\times1+=13$$

라이프니츠에게 이진법은 거룩한 계시였다. "왜냐하면 텅 빈 심연과 어둠은 0과 무에 속하지만, 전능한 빛을 지닌 신의 정신은 1에 속하기 때문이다." 신은 천지를 7일 동안 창조했다. 이 수는 이진법으로는 111로 표현된다. 그것은 그 악마적인 0이 하나도 없는 세 차례의 거룩한 1인 것이다! 라이프니츠는 이보다 조금 더 냉정하게 수학적으로 더욱 중요한 사실을 인식했다. "이러한 방법으로 덧셈하는 일은 너무도 간단해서 이 수들을 읽는 것보다 계산하는 것이 오히려 더 빠르다."

남부 이탈리아에 대한 독일 황제의 요구가 돌로 표현되었다. 프리드리히 2세의 카스텔 델 몬테 성은 엄격하게 정팔각형으로 지어졌다.

여러분은 좋아하는 숫자가 있는가? 물론. 누구나 하나씩은 가지고 있으니까. 3이나 7을 좋아하는 사람이 가장 많다. 어떤 이는 5를 좋아하고 또 다른 사람은 2를 좋아하기도 한다. 나는 153을 제일 좋아하는 여자도 알고 있다. 왜 그런지는 모르지만.

모든 숫자는 개별적인 특성을 가진다. 숫자들의 어떤 특성은 (학문적 관점에서) 우연적이고, 또 다른 특성은 굳건한 수학적 근거를 가지고 있다. 사람들에겐 특히 소수가(2, 3, 5, 7…) 사랑받는 듯하다. 오늘 나는 여러분에게 그와는 다른 수를 보여주고자 한다. 그 수는 소수가 아니다. 오히려 그 반대다. 그럼에도 불구하고 매우 남다른 특성을 지녔다. 그것은 8이라는 숫자다.

8은 2 곱하기 2 곱하기 2이다. 2라는 숫자는 이미 무언가 유별나다. 1이라는 숫자는 처음을 의미하고, 하나의 입지점을 확정하고, 이른바 '나'를 말한다. 반면 2라는 숫자는 나에 대한 반대와 관계를 표현하고 있다. 그러니까 너와 나, 둘의 관계, 하나의 쌍을 표현하는 것이다. 2는 대칭의 수다. 서로 동일하고 서로 보완하며 언제나 서로 관계 맺고 있는 두 편. 4라는 수는 2 곱하기 2이다. 그러니까 이중 대칭이다. 서로 관계 맺는 두 개의 쌍이다. 마치 스퀘어 댄스처럼. 네 사람이 사각형의 각 꼭짓점에 있다. 네 개의 대칭축들.

다시 숫자 8로 돌아오자. 8은 2 곱하기 2 곱하기 2이다. 이중의 이중 대칭이다. 여기에서는 완전성이 너무 거창하게 높아졌다. 8이라는 숫자는 으스댄다. 내가 얼마나 멋진지 한 번 봐라. 나는 어떤 면에서 보아도 흠결 없이 아름답다! 권력과 화려함의 상징이다. 그러니까 8이라는 숫자가 우주적인 균형의 상징인 것은 하등 놀라운 일이 아니다.

이 테제의 증거라고 말할 만한 것이 남부 이탈리아 폴리아 지방에 있는 저 유명한 카스텔 델 몬테Castel del Monte 성이다. 그 성은 프리드리히 2세의 명령으로 1240년부터 1250년 사이에 건축되었다. 카스텔 델 몬테 성은 낮은 언덕 위에 있어, 그 황량한 지역에서는 저 멀리서부터 보인다. 마치 하늘에서 떨어진 거대한 기하학적 물체처럼.

이 당당한 건축물이 어떤 목적으로 지어졌는지에 대해 학자들은 아직까지도 논쟁을 벌이고 있다. 그러나 분명한 사실은 그것이 프리드리히 2세의 권력적 요구를 분명하게 표현하고 있다는 점이다. 그리고 여기에는 엄밀하게 수학적인 건축 구조가 본질적인 역할을 하고 있다. 성의 기본 구조는 정팔각형이고 각 꼭짓점마다 탑이 서 있는데 그 탑 역시 정팔각형이다. 안뜰 (당연한 일이지만) 또한 정팔각형을 이룬다. 돌로 표현된, 지극히 인상적인 수학이다. www.castel-del-monte.de에 들어가서 직접 확인하시라.

여러분에게 이 수를 다른 방식으로 더 자세히 설명해야 할까? 내게 있어 8이라는 수는 모차르트의 〈마술 피리〉에 등장하는 밤의 여왕과 비슷하다. 모차르트는 수학자도 아니고 수의 신비주의자도 아니었다. 〈마술 피리〉 역시 8이라는 숫자와 별반 관계가 없다. 그러나 그 유명한 아리아 〈지옥의 복수심 내 마음속에 불타〉에서 밤의 여왕에 대한 표현은 8과 같다. 도달할 수 없는 초지상적인 미. 동시에 가까이 할 수 없는 권력의 냉기.

교회에서 음악에 붙는 번호는 경건한 태도를 요구한다. 그러나 그뿐
아니라 이 수들은 수학적인 사유 게임을 하도록 만들기도 한다.

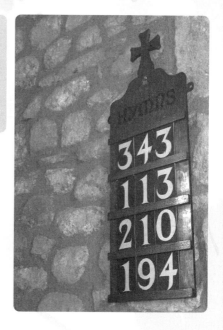

나는 스스로의 수학적 재능을 어머니로부터 물려받았다고 믿는다. 어머니는 손사래를 치며 이를 부인할 것이다. 그녀는 대학 공부도 하지 않았고 "학교에서 배웠던 것들은 예전에 벌써 잊었다."고 말씀하시기 때문이다. 그러나 내 말의 증거를 그녀 자신이 제공한다. 수학적 재능에 대한 증거는 아닐지 모르지만, 숫자에 대한 재능의 증거는 확실히 될 수가 있다.

어머니는 수를 세면서 시간을 잰다. 먼저, 식물에 물을 줄 때. 세인트폴리어에는 1, 2, 3, 4, 5, 6, 7. 작은 선인장에는 1, 2, 3. 커다란 아마릴리스에 물을 줄 때는 20까지 센다. 샐러드에 식초와 기름을 섞을 때도 숫자를 세며 도움을 얻는다. 그러니까 그녀는 모든 일에 있어 수를 세고, 그래서 시계 초침에 의지할 필요가 없다. 그 일에 대해 물어보면 어머니는 조금 당혹해하며 웃는다. 그리고 "늘 그러는걸."이라고 말한다.

교회에 갈 때(그렇다. 어머니는 교회에 간다. 최소한 때때로 가기는 한다.) 그녀는 수학과의 좀더 깊은 관계를 드러낸다. 큰 수가 나타나면, 어머니는 그 숫자를 소수로 분해한다. 336이라는 숫자는 그녀에게 다음 번 부를 찬송가의 번호가 아니다. 이 수는 소수 인수들로 분해하라는 도전인 것이다. 잠깐 생각을 한 다음 그녀는 말한다. "336은 16 곱하기 21이니까, 2×2×2×2×3×7이군."

그녀에게는 좀더 어려운 노래도 있고 좀더 단순한 노래도 있다. 그 난이도는 멜로디의 어려움이나 가사의 어려움이 아니라, 찬송가 숫자 분해의 어려움에 달려 있다. 336은 쉽다. 그러나 391은 그녀에게 오랫동안 어려운 수였다. 여러분이 직접 해본다면 그 어려움을 알 수 있다. 391은 17×23이다. 언젠가 나는 다음과 같은 사실을 생각해본다면 아주 간단하게 풀어낼 수 있다고 그녀에게 말해준 적이 있다. 391=400−9이고 이를 우리는 20^2-3^2라고 쓸 수 있다. 이제 우리는 여기에 이항二項 정리를 적용한다. (20−3) (20+3). 그리고 이는 17×23이다.

"많은 숫자들이 이런 식이에요. 221이나 247로 한번 해보세요." 라고 나는 설명했다.

그녀는 잠시 생각했다. "그러니까 어떤 수를 두 제곱수의 차로 표현해야 한다는 거네."

"네. 그 다음에 이항 정리를 적용하면 되죠. 그러니까 $a^2-b^2=(a+b)$ $(a-b)$라는 공식 말예요. 그러면 그 결과로 어떤 수를 가지게 되요."

그녀는 내 조언에 아주 열광했고, 이런 말로 답례를 했다. "37이 얼마나 멋진 수인지 아니?" 그러니까 그것은 대답을 들으려고 묻는 말은 아니었다. 당연히 나는 알 수 없었다. "몇 년 전에 자수용 실 한 뭉치가 37페니히였단다." 어머니는 수공업에 종사했고 당시는 아직 유로화가 도입되지 않아 독일에 페니히가 유통되던 시기였다. "37

페니히로 아주 멋진 계산을 할 수 있었단다!"

아마도 내가 이 주장에 대해 그다지 수긍하는 표정으로 반응하지 않았던 것 같다. 어머니는 나를 깨우쳐주었다. "37 곱하기 3은 111이지." 그러면서 마치 그 마음의 눈앞에 특별히 아름다운 논리가 떠오른 수학자처럼 웃었다. "그러니까 세 뭉치는 1.11 마르크고, 여섯 개는 2.22 마르크, 스물한 개는 7.77마르크, 그렇게 계속되는 거지."

"만일 3의 배수로 사지 않으면요?" 내가 묻자 그녀는 명쾌하게 대답했다.

"그러면 거기에다가 37을 더하거나 빼면 되는 거지." 그녀는 아름다운 기억을 떠올리는 듯이 한숨을 쉬며 말했다. "어쨌든 그 당시에는 시간이 충분했으니까."

몇 년 전 교회에서 새 곡이 덧붙여진 찬송가 모음집이 도입되었을 때 그녀는 아주 기뻐했다. "풀어낼 새로운 번호들이 몇 개 더 생겼잖니."

나는 차에 달린 내비게이션 장치를 절대적으로 신뢰한다. 안내하는 목소리가 친절해서이기도 하지만, 더 중요한 이유는 그 장치에 내장된 수학에 대해 알고 있기 때문이다.

내가 두려워하는 상황이 있다. 그런데 그 상황은 어쩔 수 없이 계속 일어난다. 그것은 잘 모르는 도시로 차를 몰고 가는 경우이다. 거기에서 나는 강의를 해야 하고 도착해야 할 시간은 당연히 빠듯하다. 갑자기 나는 시내의 차들 한 가운데 서 있고, 방향 감각을 상실한다. 당황한 나는 예외 없이 잘못된 방향으로 꺾어든다. 마치 기적처럼 목적지에 도달하더라도 땀에 흠뻑 젖은 채 내 생각은 온갖 곳을 다 떠돌아 강의 내용 따위는 까맣게 잊어버린다.

이런 나에게 내비게이션은 구원과 같은 발명품이다. 친절한 목소리는 내가 오른쪽으로 가야 하는지 왼쪽으로 가야 하는지 적시에 말해준다. 내가 무언가 잘못할 때에도 그 목소리는 침착함을 잃지 않고 참을성 있게 나를 목표 지점까지 이끌어간다. 나는 그 목소리를 신뢰하면서 시간에 늦지 않게, 그리고 편안한 마음으로 목적지에 당도한다. 사실 인생이라는 것이 이래야 하지 않는가!

대체 내가 지금 어디 있는지 내비게이션은 어떻게 아는 걸까? 그것은 어떻게 작동하는 것일까? 내비게이션 안에는 GPS 수신기가 내장되어 있다. GPS는 'global positioning system'의 약자다. 이 시스템은 사람이나 장치의 위치를 정확히 파악하기 위해 군사적 목적으로 개발되었으나 오늘날에는 민간 부문에서 다양하게 이용되고 있다.

GPS 수신기와 다수의 위성들로 이루어진 이 장치는 기술 분야의 기적이다. 수신 장치는 위성들로부터 지속적으로 신호를 받아들이면서 자신이 이 위성들로부터 얼마나 떨어져 있는지를 규정한다. 이 거리를 통해 GPS 수신기는 자신의 위치를 알아낼 수 있다.

이런 과정은 매우 단순한 수학적 사실에 기초하고 있다. 우선 내가 하나의 위성으로부터 발사하는 특정한 전파 위에서만 움직인다고 상상해보자. 이는 오로지 내가 위치한 고도를 규정하기 위해서다. 이때 내가 위치한 특정한 점, 즉 S 위성까지의 거리를 알고 있다면 내가 위치한 고도 역시 정확하게 파악된다. 하나의 직선 위에는 특정한 점 S까지 주어진 거리만큼 떨어진 점이 두 개가 있다. 그러나 내가 S로부터 어느 방향에 놓여 있는지를 알기 때문에 거리만 나와도 나의 위치가 분명하게 규정되는 것이다.

이제 이차원의 경우를 밝혀보자. 나는 두 개의 위성 S_1과 S_2가 놓여 있는 하나의 평면 위에서 움직인다. 내가 첫 번째 위성까지의 거리 r_1을 알고 있다면, 나는 내가 S_1을 중점으로 하는 반지름 r_1의 원 위에 위치하고 있음을 이미 알 수 있다. 마찬가지로 나의 GPS 수신기는 S_2까지의 거리 r_2를 알고 있고, 나 또한 S_2를 중점으로 하는 반지름 r_2의 원 위에 있다. 그러므로 나의 위치는 이 두 원이 만나는 두 점 중 하나인 것이다. 그 교점들 중 하나는 위성들 너머 저 우주 공간에 놓여 있을 것이므로 이 지상에 놓여 있는 교점이 어느 것인지는 분명해진다.

우리가 살고 있는 3차원의 공간에서 하나의 점을 규정하기 위해서는 세 개의 위성이 필요하다. 우리가 찾고 있는 그 하나의 점은 세 위성들을 각각 중점으로 하는 세 개의 구 표면들의 교점이다. 두 개의 구 표면들은 하나의 원에서 만나고, 세 개의 구 표면들은 두 개의 점들에서 만난다. 그리고 그 중 하나는 또한 저기 위성들 너머에 위치하는 것이다.

그러나 아직 이야기는 끝나지 않았다. 왜냐하면 사실 그 위성들이 우리의 GPS 수신기에 보내는 신호는 그들이 우리로부터 얼마나 떨어져 있는지가 아니기 때문이다. 그 위성들은 오로지 지속적으로 시간 신호들만을 보낸다. 모든 GPS 위성에는 시간을 절대적으로 정밀하게 측정하는 원자시계가 들어 있다. 만일 내 GPS 수신기가 정확한 시계를 가지고 있다면, 그 수신기는 위성과 수신기 간의 시간 차이를 계산해서 위성까지의 거리를 규정할 수 있을 것이다. 그러나 GPS 수신기의 시계는 그렇게 정밀하지 않다. 그러므로 수신기는 네 번째 위성으로부터 시간 신호를 받아서 이를 다른 신호들의 경과 시간들과 비교하고 이로부터 거리들을 계산해낸다. 천재적이지 않은가!

한겨울 창문의 성에들은 매혹적이다. 그 성에들은 수천 개의 주름을 가지고 자라나기는 하지만, 기본 구조는 언제나 지극히 똑바른 정육각형을 이룬다.

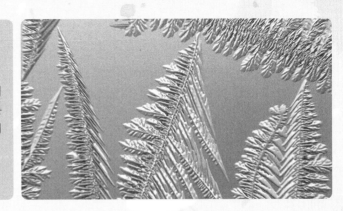

예전에는 모든 것이 지금보다 더 나았다. 아이들은 말을 잘 들었고 부모들은 엄격했으며 교사들은 부지런했다. 공기는 깨끗했고 강물은 맑았고 초원은 푸른 빛이었다. 토마토는 토마토 맛이 났다. 그리고 그때 겨울은 겨울다웠다.

정말일까? 잘 모르겠다. 그렇지만 한 가지는 분명 더 좋았다. 한겨울, 창문에 성에가 피었다. 나는 아침에 일어나자마자 추위에 몸을 떨면서 형제들과 창가에 서서 그 많은 성에들이 녹을 때까지 입김을 불었다.

입김을 불어 성에를 녹이려고 애쓰면서도 우리는 성에가 얼마나 아름다운지 알고 있었다. 성에들은 미시적으로는 분명하고 '각진' 구조를 가지지만, 거시적으로는 고사리나 나뭇잎보다 더 천태만상으로 자라난다. 어머니는 어떤 성에도 서로 똑같은 모양을 가지지 않는다고 우리에게 일러주셨다.

성에들을 자세히 살펴보면 결정을 발견할 수 있다. 그것도 아름답게 반짝이는 결정이다. 입김으로 그 결정이 녹지 않도록 주의하면서 아주 상세히 바라본다면, 그 결정의 구조가 늘 동일하다는 것을 알게 된다. 그것은 예외 없이 육각형이다. 그러니까 사각형이나 오각형이나 팔각형 등은 없다는 말이다.

　성에들은 특히 창문의 가장자리에서, 공간적 구조물이 아니라 평면적 구조들로 시작된다. 그것의 매력은 맑고 단순한 결정 구조와 그 형상이 지닌 다양성 간의 긴장, 그 미시구조의 대칭성과 거시구조의 독창성 간의 긴장, 그리고 엄격한 구조와 무한한 자유 간의 긴장이다.

　사람들은 오래 전부터 이것에 매료되었다. 성에의 매력에 빨려든 사람 중 한 명이 요한네스 케플러Johannes Kepler(1571~1631)다. 그의 친구이자 후원자인 바커 폰 바켄펠스Wacker von Wackenfels를 위해 그는 《육각형의 눈에 대하여Strena seu de nive sexangula》라는 작은 책을 써서 1611년 초에 선물했다.

　눈의 구조에 대한 이 최초의 학문적 서서에서 케플러는 자신의 관찰을 다음과 같이 서술했다. "그것은 얼음으로 된 작은 판이다. 아주 편평하고 매끄러우며, 아주 투명하고 대략 종이 한 장의 두께이지만 완벽한 육각형의 형태를 이루고 있다. 그 여섯 개의 변들은 너무 똑바르고, 여섯 개의 각은 정확하게 같은 크기다. 사람이라면 그토록 정확한 모양을 만들어낼 수 없을 것이다."

　케플러에게는 해명할 수 없는 자연의 기적이었던 이 현상을 오늘날 과학은 쉽사리 설명할 수 있다. 그 배경은 분자 구조 안에, 혹은 물 분자가 얼은 상태에서 배열되어 있는 방식 안에 있다. 물 분자들은 언제나 육각형을, 그것도 상당히 부피가 큰 육각형을 이루도록 배열돼 있다.

거시적인 형태에 있어서의 성에들을 설명하는 다른 이론이 있다. 이는 베노이트 만델브로트Benoit Mandelbrot가 만들어낸 프랙탈 이론이다.

어린 시절, 창문가에 서서 서로 경쟁하면서 입김을 불던 그때 우리는 결정이나 프랙탈에 대해서는 몰랐다. 그러나 우리는 직관적으로 성에들이 퍽 유별난 어떤 것이라는 사실은 분명히 알고 있었다.

하얀 종이들이 분류되어 쌓여 있다. 어떤 사람에게는 독특한 미학이고 다른 사람에게는 그저 지루한 일에 불과하다. 그러나 우리는 이것을 가지고 놀이를 할 수 도 있다. 예를 들어서 여러분은 A4 용지를 몇 번이나 반으로 접을 수 있겠는가?

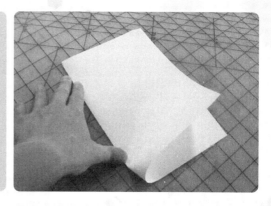

아주 다양한 형태와 크기의 종이들이 있다. 플래카드, 신문지, 편지지, 크고 작은 공책, 우편엽서, 색인카드, 명함 등등. 우리는 그 크기에 따라 종이의 포맷을 구별할 수 있다. 그러나 그 모양에 있어서 종이들은 비슷해 보인다. 당신은 말할 것이다. "물론 사각형이지. 모든 각들은 직각이고 한 변은 다른 변보다 길지. 그렇지 않으면 정사각형일 테고."

그러나 좀더 정확히 해보자. 길이의 차이가 아니라 비율이 중요한 것이다. A4 용지는 길이 297밀리미터, 너비 210밀리미터이다. 그 차이는 87밀리미터이다. A5 용지는 길이 210밀리미터, 너비 148밀리미터이고 그 차이는 62밀리미터이다. 그러나 두 용지에 있어 길이 비율은 거의 동일하다. 297:210=210:148=1.4

우리가 글을 쓰는 종이는 보통 DIN(독일표준규격)-A4 용지다. 이중 N자는 '규격Norm'을 뜻한다. 이는 길이와 너비가 정확하게 정의되어 있다는 의미다. 사람들은 DIN 포맷을 최대한 객관적으로 정의하고자 노력했다.

• 서로 이웃하고 있는 두 종류의 판형들은 그중 한 판형을 반으로

줄이거나 혹은 다른 판형을 두 배로 늘려서 만들 수 있다.

- 판형율들은 서로 유사하다. 다시 말해 모든 DIN 포맷들은 서로 '비슷해 보인다.' 다만 판형들이 크고 작을 뿐이다. 더 정확히 말하자면, DIN 규격 종이들의 너비와 높이 간의 비율은 언제나 동일하다.

- 기준 포맷인 A0의 면적은 정확히 1평방미터이다.

우리는 DIN 포맷의 길이와 너비 간의 비율은 $\sqrt{2}$:1임을 계산해낼 수 있다. 이는 긴 변이 짧은 변보다 대략 1.4배 길다는 것을 뜻한다.

이것은 다음과 같이 간단하게 생각해볼 수 있다. 가령 A4 용지의 긴 변을 x, 짧은 변을 y라고 표시해보자. 그러면 긴 변과 짧은 변의 비율은 x:y이다.

A4 용지를 절반으로 줄이면 A5 용지를 얻을 수 있다. A5 용지의 긴 변은 A4 용지의 짧은 변, 즉 y와 같다. 그리고 A5 용지의 짧은 변은 A4 용지의 긴 변의 절반, 즉 $\frac{x}{2}$와 같다. 그러므로 A5 용지에 있어서 길이와 넓이의 비율은 y:$\frac{x}{2}$이다.

두 용지의 길이와 너비 간 비율이 동일하므로, x:y=y:$\frac{x}{2}$이다. 이 방정식을 변환시키면, $\frac{x^2}{y^2}$=2 혹은 $\frac{x}{y}$=$\sqrt{2}$를 얻게 된다.

1938년 공공부문과 경제부문에 도입된 이 포맷들은 A0(4배 용지)에서 시작해서, A1(2배 용지), A2(단순 용지), A4(1/4 용지)를 거쳐 명함에 사용되는 A8까지 이른다.

이론적으로는 DIN 포맷을 A9, A10 등등 계속 늘려갈 수 있다. 그러나 실제적으로 이는 그리 유용하지 않다. DIN-A4 용지를 10차례 반으로 줄이고자 한다면, 가설적으로 A14 용지 1024겹을 얻을 수 있다. 그러면 이 종이들의 길이는 9.3밀리미터, 너비는 6.6밀리미터가 될 것이다. 그러나 그 접힌 종이들의 높이는 10센티미터에 달하게 된다. 우리는 이렇게 접을 수는 없을 것이다.

곱셈을 하는 데는 구구단으로 충분하다. 그러나 우리는 큰 수의 곱셈을 이진법으로 더 쉽게 할 수 있다. 이는 로마자로는 결코 해낼 수 없는 일이다.

$$
\begin{array}{r}
328 \\
\times\ 427 \\
\hline
2296 \\
656 \\
1312 \\
\hline
140056
\end{array}
$$

왜 우리는 학교에서 구구단을 배울까? 왜 매년 수천 명의 학생들이 구구단 때문에 괴로워해야 할까? 그저 규율을 잡고 학생들을 괴롭히기 위한 것일까? 아니면 수학적인 이유도 있는 것일까?

좋다. 구구단을 외우는 것은 어려운 일일 수도 있다. 그러나 중요한 사실은 우리가 그것을 외우고 나면 덧붙여 더 배울 게 없다는 것이다! 우리는 37 곱하기 23이 몇인지, 328 곱하기 427이 몇인지 외울 필요가 없다. 구구단을 응용하면 이것들을 간단히 계산해낼 수 있기 때문이다.

곱셈의 원리가 무엇인지 한번 생각해보자. 여기에서는 계산을 인간이 하든, 컴퓨터에게 시키든 상관없다. 둘 다 기본적으로는 동일한 절차를 수행하는 것이다. 여기에 328×427이라는 과제가 있다.

이 과제는 처음에는 어려워 보이지만 실은 쉽다. 왜 그럴까? 아주 간단하다. 우리가 학교에서 배운 곱셈 방식으로 우리는 큰 숫자들, 임의의 어떠한 숫자들이라도 곱해낼 수 있기 때문이다. 그것도 단지 개별 숫자들을 곱하는 과정을 통해서 해낼 수 있는 것이다.

그렇다. 앞의 사진에서 금 아래 적힌 첫 번째 숫자 1,312는 328×4

에 해당한다. 그러나 이 숫자를 우리는 '덩어리로' 계산해낸 것이 아니다. 우리는 오른쪽에서 왼쪽으로 순서에 따라서 8×4, 2×4, 3×4를 계산해서 1,312라는 수를 얻어낼 수 있었다. 물론 우리는 받아올림을 잘 하도록 주의해야 한다.(2를 쓰고 3을 기억하라.) 여기에서 결정적으로 중요한 사실은 우리가 간단한 구구단만을 사용해서 이 숫자들을 곱해낼 수 있다는 것이다. 우리는 그렇게 세 줄을 계산한 뒤 거기서 얻어진 중간 결과들을 더한다. 최종적으로 328×427=140056이라는 결과가 산출된다.

위대한 산수 천재가 아니더라도 우리는 이러한 과정을 통해 어마어마하게 큰 숫자도 계산해낼 수 있다. 다만 1×1부터 9×9까지의 구구단만 알면 되는 것이다.

천재적이다! 우리의 수 체계는 곱셈에 얼마나 적합한가! 우리의 수 체계로 아무리 큰 수라도 쓸 수 있을 뿐 아니라 아무리 큰 수라도 계산할 수 있는 것이다.

위의 계산을 로마자로 어떻게 계산할지 한번 상상해보자. CCCXXIIX 곱하기 CDXXVII? 결코 할 수 없다! 우리는 대체 어떻게 손을 대야 좋을지 몰라 안절부절할 것이다. 그러므로 여러분은 곱셈 문제가 나올 때 이를 즐겨야만 한다!

덧붙이자면 이진법으로는 이 모든 것을 훨씬 더 쉽게 할 수 있다. 이진법에는 0과 1이라는 두 가지 숫자만 존재하기 때문에 구구단은 1×1=1이라는 단 한 가지 공식으로 줄어든다.

328×427을 이진법으로 표기하자면 101001000×110101011이다.

우리는 왼편의 수를 1 아니면 0으로 곱해야 한다. 1로 곱하는 것은 간단하다. 우리는 왼쪽 수를 그저 똑같이 다시 쓰면 된다. 1, 2, 4, 6, 8, 9번째 줄에서 그렇게 하면 된다.

그리고 나서 그 수들을 더하면, 100101001100011000을 얻게 된다. 이 수를 십진법으로 환원하면 140,056인 것이다.

5라는 숫자는 어느 곳에나 있다. 사과 과심果心에서부터 오륜기에 이르기까지. 수학자에게 숫자 5는 특별한 매력을 지닌다. 그러나 수학 점수가 5인 사람에게는 아마 그렇지 않을 것이다 (5점은 수, 우, 미, 양, 가 중 가에 해당한다.—옮긴이).

숫자 5라……. 글쎄, 그게 어쨌다는 거지? 5는 그다지 눈에 띄지 않는 그렇고 그런 수 아닌가.

다른 수들은 각각 고유한 특성을 지닌다. 1은 모든 것의 시작이다. 2는 그것 없이는 아무것도 이루어지지 않는 이원성을 상징한다. 3은 성스러운 수 그 자체다. 4는 완벽한 정사각형이다. 모두가 6에 대해서는 어떤 아름다움을 떠올린다. 7은 고전적인 불운의 수이다. 이처럼 모든 수는 어떤 역사를 가지고 있고, 모든 수들이 흥미롭다.

그러나 5는? 이 수는 눈에 잘 띄지 않는 평균적인 존재처럼 보인다. 성스러운 3과 불운의 7 사이에 있고, 역동적인 2나 균형 잡힌 6과도 거리가 멀다. 기껏해야 5는 내 수학 점수였을 테고, 이는 그리 좋은 추억이 아니다. 사람들은 이 숫자에 욕을 퍼부을 수도 있지만 그것은 옳지 않다. 5는 결코 회색의 숫자가 아니다.

수학자들 사이에서 통용되는 오래된 농담이 있다. 이 농담은 모든 수가 흥미롭다는 사실에 대한 증거다. "재미없는 수가 존재한다고 가정해보자. 그렇다면 또한 가장 작은 재미없는 수도 존재할 것이다. 그것은 엄청나게 재미있는 특성이다!"

이러한 인사이더들의 농담에 따르자면 5도 주목받을 만한 수가 되어야 할 것이다. 그리고 실제로 5는 흥미롭다. 어떤 '내적인 가치'가 결여되어 있기 때문이 아니라, 믿을 수 없을 만치 많은 특성들을 가지고 있기 때문이다.

5는 가장 풍요로운 수 중 하나다. 우리 자신에게서 이미 이를 발견할 수 있다. 손은 5개의 손가락을 가졌고, 인간은 5개의 감각(시각, 청각, 미각, 후각, 촉각)을 가졌다. 5개의 (고전적인) 대륙이 존재한다. 그래서 올림픽 깃발도 오륜기가 아닌가!

수많은 꽃과 과일들은 5회 대칭을 가지고 있다. 예를 들어 사과를 반으로 잘라보라. 그러면 5각형을 보게 될 것이다! 무생물의 세계에서도 마찬가지다. 자동차 바퀴 테를 한 번 살펴보라. 많은 바퀴 테들은 5회 대칭형이다. 그리고 여러 국기들의 별을 살펴보라. 미국 국기든, 적국들의 국기든 상관없다. 그 국기에 별이 있다면 그것은 오각성이다!

그뿐 아니라 5는 수학적인 이유에서도 흥미롭다. 오각형 때문이다. 오각형은 그리기 어려운 형태다. 오각형을 종이에 그리려고 소박하게 시도해보면 상당히 어렵다는 것을 알 수 있다. 도구 없이 맨손으로 그리든, 컴퍼스와 자를 가지고 그리든 마찬가지다.

그렇지만 그릴 수는 있다. 이는 이미 유클리드(기원전 300년경)가 분명히 밝혔던 사실이다. 카를 프리드리히 가우스Carl Friedrich Gauß (1777~1855)는 왜 그런지 그 이유를 알아냈다. 5가 소수 중에서도 특별한 소수이기 때문이다. 5는 2^x+1이라는 유형의 소수 중 하나이다. $5=2^2+1$이라는 사실은 분명하다. 이러한 유형의 다음 소수는 17

이다. $17=2^4+1$이기 때문이다. 우리는 이러한 유형의 소수를 두 개 더 알고 있다. $257(=2^8+1)$과 $65,537(=2^{16}+1)$이다.

이러한 수에 대해서는 그에 상응하는 개수의 각을 지닌 정다각형을 그릴 수 있다.

이보다 더 큰 같은 유형의 소수가 존재하는지, 아니면 이러한 소수가 무한히 존재하는지 우리는 오늘날까지 밝혀내지 못했다.

덧붙이자면, 내 생각에 정말로 지루한 최초의 수는 10이다. 그러나 이에 대해서는 다음에 이야기하려고 한다.

이 수열은 논리적으로 어떻게 계속되어야 하는가? 여러분은 이 수열 뒤에 숨어 있는 법칙을 발견할 수 있겠는가? 이러한 지적인 유희는 수학자만을 위한 것이 아니다.

2, 3, 5, 7, 11.....

여러분에게도 그런가? 때때로 우리는 어떤 일을 끝까지 해내야만 한다. 어떤 일들은 그만 치워버리고 싶어하고, 또 어떤 일들은 어쩔 수 없이 끝까지 하기도 한다.

많은 사람들은 크로스워드 퍼즐에서 빈칸을 채우라는 요구를 거부하기 어렵다. 어떤 사람들에게는 그림 맞추기 퍼즐이 너무나 매력적이어서 마지막 조각을 제대로 끼워놓아야만 비로소 안심한다.

이런 일은 종종 슬랩스틱 코미디 같다. 나는 언젠가 딸림 7화음(그러니까 으뜸화음으로의 변화를 강요하는 화음)을 들으면 반드시 이를 변화시켜야만 직성이 풀리는 한 음악가를 사귄 적이 있다. 누군가 피아노로 딸림 7화음을 쳤다 하면 그는 이를 해소하기 위해 맹렬한 기세로 들이닥쳤다.

수학도 이와 유사하다. 누군가가 우리에게 어떤 수열을 이야기하면, 우리는 그 수열을 계속해나가야 한다는 억제할 수 없는 욕구를 느끼게 된다.

물론 2, 4, 6, 8 다음에 어떤 수가 올지는 분명하다. 이성적인 사람이라면 누구나 즉각 이야기할 수 있을 것이다. 10, 12, 14……. 왜냐하면 이들이 짝수라는 사실을 알고 있기 때문이다. 1, 4, 9, 16 다음에 무엇이 올지도 우리는 알고 있다. 이는 제곱수들이다. 우리는 그 다음이 25, 36, 49라고 계속할 수 있다.

특히 흥미로운 수열은 2, 3, 5, 7, 11로 시작한다. 이는 소수들인데, 여기에 대해서 우리는 아직까지 어떠한 공식도 발견하지 못했다.

위의 세 가지 예는 모두 만족스러운 결과를 가져온다. 우리는 보기의 규칙을 알아보고, 그 다음에는 규칙에 따라 수열을 계속 이어갈 수 있다.

수학자들은 이를 특히 잘할 것 같지만 실제로는 이러한 종류의 'IQ 테스트'에 있어서 상당한 정도의 어려움을 느낀다. 내 동료들 중 한 사람은 특히 심각하다. 그는 수열 문제만 나왔다 하면 거의 정신을 잃어버리고, 이것이 어떤 문제인지 전혀 이해하지 못한다는 듯 행동한다. 그리고 기껏해야 이렇게 말하는 것이나. "나는 이 수열을 아무 수로나 계속할 수도 있어! 2, 4, 6, 8. 왜 그 다음에 10이 와야만 하지? 왜 12나 1,000이나 −5가 되면 안 되지? 내가 그런 수를 말하면 안 된다고 금지할 수 있는 사람은 아무도 없다고!"

내 딸은 그의 넋두리를 듣자 냉랭하게 대꾸했다. "우리가 아저씨 같은 수학자를 필요로 하는 순간에 수학자는 달아나는군요!"

그렇지만 냉정하게 살펴보면 내 동료는 기본적으로 옳다. 최소한 두 가지 이유가 있다.

첫 번째는 형식적인 이유다. 우리는 누군가가 아무 숫자로나 이루어진 수열을 늘어놓는다고 해서 그것을 금지할 수 없다. 물론 여러분은 그것이 공정하지 않다고 말할 것이다. 맞는 말이다. 하지만, 만

약에 실제로 그렇게 이어지는 흥미로운 수열이 존재한다면 당신의 말은 틀린 게 된다.

두 번째. 놀랍게도, 한 가지가 아니라 여러 가지 수열로 발전할 수 있는 숫자 조합이 다수 존재한다.

예를 들어보자. 2, 3, 5는 어떤 수열의 시작 부분일까? 소수들이니까 2, 3, 5, 7, 11로 계속될까? 그럴 수도 있지만 아닐 수도 있다. 가령 이런 수열이라면 어떨까? 처음 수 더하기 1, 두 번째 수 더하기 2, 세 번째 수 더하기 3 등등. 그러면 2, 3, 5, 8로 진행된다. 그렇지만 여기에서도 또 다른 가능성이 존재한다. 2, 3, 5, 8, 13으로 이어지는 피보나치 수열은 각 수가 앞에 나열된 두 숫자의 합이 된다.

마지막으로 정말 골치 아픈 문제 두 가지가 남아 있다. 나는 이 치사한 수열들의 법칙을 여러분에게 알려주지 않을 것이다. 하지만 여기에 작은 힌트가 있다. 이 수열을 소리내어 읽으면 법칙을 알아낼 수 있을 것이다.

- 8acht, 3drei, 1eins, 5funf, 9neun, 6sechs, 7sieben, 4vier …….

- 1, 11, 21, 1211, 111221, 312211 ……??

해답은 다음 장에서 공개하겠다.

술집에서 잔에 맥주가 다 차지 않았다고 투덜거리지 말자. 그 대신 작은 문제를 하나 풀어보자. 어느 수가 더 큰가? 여러분 맥주잔의 높이인가 아니면 둘레인가?

여러분이 저녁 때 집이나 술집에 앉아 있다고 상상해 보라. 여러분 앞에는 채워진 잔이 놓여 있다. 나는 그 안에 무엇이 들어 있는지에 대해서는 별로 알고 싶지 않다. 그리고 여러분이 몇 잔째 마시고 있는지도 관심 밖이다. 내게는 지금은 잔 자체가 중요하다.

이날 저녁의 술자리가 얼마나 거나해졌건 간에, 여러분은 옆에 앉은 사람들과 다음 문제를 풀어볼 수 있을 것이다. 그리고 크게 놀라게 될 것이다. 잔의 높이와 그 둘레를 비교하면 어디가 더 길까? 여러분은 잔 주위에 실을 감아서 둘레를 잴 수 있을 것이다. 물론 잔에는 높이도 있을 테고, 이를 재는 것은 훨씬 더 쉽다.

어느 수가 더 큰가? 높이인가 둘레인가? 여러분은 어떻게 생각하는가? 옆자리 사람은 아마 이렇게 대답하리라. "당연히 잔의 높이가 둘레보다 더 길지."

실제로는 어떤지 알고자 한다면 직접 한 번 재어보라! 거의 모든 잔의 높이보다 둘레가 더 길고, 그것도 일부 잔에 있어서는 훨씬 더 길다는 사실을 알게 될 것이다. 놀랍지 않은가!

수학적으로 본다면, 이는 원주에 대한 문제다. 우리는 학교에서 원주를 어떻게 계산하는지 배웠다. 지름 곱하기 파이π, 혹은 만일 반지름을 이용해 공식을 완성한다면, 2πr로 나타낼 수 있다. 달리 표현해보자. 원의 둘레를 지름으로 나누면 π를 구할 수 있다. 그리고 누구나 아는 사실이지만 π는 3.14다. 대략 그렇다는 것이다.

수학의 역사는 이 중요한 수를 더욱 정확하게 알아내고자 하는 새로운 시도로 가득 차 있다. 소수점 뒤 몇째 자리까지 알아낼 수 있을까? (세계 기록은 1조 자리 이상이다) 이 수들은 어디서부터인가 반복될까? (그렇지 않다) π를 정확히 계산해낼 수 있는 어떤 공식, 정확히 말하자면 다항식이 존재하는가? (아니다.)

소수점 앞의 수 3도 놀랍기는 마찬가지이다. 이 수는 원주의 대략적 크기를 제시한다. 원둘레는 우리의 실험에서는 잔의 둘레이고, 우리가 본 바와 같이 이 둘레는 언제나 과소평가되어 왔다. 어떤 의미에서는 소수점 앞의 숫자 3이 π를 이루는 가장 중요한 요소일 수 있다. 소수점 뒤의 숫자들이 계산하기는 훨씬 더 어렵지만, 가장 경이로운 숫자는 바로 3이다.

이미 구약(열왕기상 7장 23절)에서는 솔로몬 사원의 제단을 다음과 같이 묘사했다. "그 다음 그는 둥글게 바다 모형을 만들었다. 한 가장자리에서 다른 가장자리까지 직경이 10척, (…) 그 가장자리 테는 30척이었다." 여러분이 잔의 둘레를 측정한 것과 같이 여기서도 둘레의 길이가 정확히 규정되었다. 여기 주어진 수치로부터 우리는 둘레와 직경의 비율이 30:10=3:1임을 알 수 있다. 다시 말하면 π=3인 것이다.

수학사의 관점에서 보면 우리는 이 대략적인 π 값에 대해 관대히 웃어넘겨야 할 것이다. 지구상 다른 지역, 예를 들어 이집트에서는 그 당시 이미 훨씬 더 정확한 수치를 내놓았기 때문이다. 그렇지만 이 성서 구절에서도 본질적인 내용은 이미 드러났다. 즉, π가 얼마나 놀라울 만큼 큰지 알 수 있는 것이다.

마지막으로 이전 칼럼에서 제시했던 골치 아픈 문제를 풀어볼까 한다.

8, 3, 1, 5, 9, 6, 7, 4…라는 수열에서 그 다음 나오는 수는 단 하나, 즉 2밖에 없다. 이들은 알파벳 순서대로 배열된 한 자리 숫자들이다.

1, 11, 21, 1211, 111221, 312211…. 이라는 수열의 비밀은 다음 항Folgenglied을 발음할 때 드러난다. 처음 것은 "1개의 1"이므로 숫자로는 "11"로 쓴다. 그러면 다음 항을 얻을 수 있다. 이는 다시 "2개의 1"이라고 읽고 "21"이라고 쓴다. 그 다음에는 어떻게 되는가? "312211"은 "1개의 3, 1개의 1, 2개의 2, 2개의 1"이라고 읽고 "13112221"이라고 쓴다. 상당히 치사하지 않은가!

덧붙이자면, 이러한 수열에 대해서도 우리는 술집에서 즐겁게 토론할 수 있으리라.

숫자 마술은 누구나 할 수 있다. 그리고 그 트릭은 100퍼센트 들어맞는다! 청중들 앞에서 성공은 보장되어 있다. 그러면 호기심 어린 질문에 대답해야 할 것이다. 도대체 어떻게 하는 거예요?

수학자들은 모이면 최신 수학 트릭에 대해 이야기를 나눈다. 최근에는 한 사람이 이런 문제를 냈다. "세 자리 숫자를 하나 생각해보게. 그리고 그 숫자를 역순으로 쓰고, 둘 중 큰 수에서 작은 수를 빼보게나. 그 결과도 역순으로 쓰고 이제 이 두 수를 합쳐보게."

　　수학자라면 그 누구도 이런 지시를 맹목적으로 따르지 않는다. 대부분 그런 계산을 하기에는 너무 게으르다. 그러나 그들은 언제나 이러한 문제 뒤에 어떤 공식이 숨어 있으리라고 의심한다. 그리고 '그 뒤에 숨어 있는' 것에 대해 관심을 기울이는 것이다. 그들은 어떤 사실의 옳고 그름뿐만이 아니라 왜 그런 결과가 도출되는지 알고 싶어한다.

　　그러나 예를 드는 것도 그리 해롭지는 않으리라. 그러니까 가령 723과 같은 세 자리 수를 한 번 생각해보자. 이 수를 뒤에서부터 읽으면 327이 된다. 이제 723−327=396이라고 계산할 수 있다. 그 수를 거꾸로 읽으면 693이 된다. 그리고 이 두 수의 합, 즉 396+693은 1,089이다.

　　기이한 사실은 언제나 1,089가 나온다는 것이다. 여러분은 이러한 방법으로 마술을 할 수도 있다. 여러분은 누군가에게 그 계산을 하도록 만들고 그 다음에 어느 책에서 그 결과로 나온 수의 페이지를 열수도 있고, 그 수의 전화번호로 전화를 걸거나 이런 비슷한 유의 행동을 할 수 있다. 여러분은 때로는 1,089에다가 어떤 수를 더하거나 빼거나 그중 어떤 숫자를 제외하도록 해서 여러분의 실험 대상인 그 사람이 처음부터 이미 확정되어 있는 수에 도달히도록 할 수도 있다.

이 마술은 인상적이다. 그러나 수학자들은 어떻게 이러한 트릭이 가능한지, 왜 언제나 1,089가 나타나는지에 관심을 가진다. 우선 이 계산의 첫 번째 부분을 다시 한 번 살펴보자. 우리가 한 일은 무엇인가? 우리는 어떤 수를 골랐고 그로부터 거꾸로 된 수를 만들었고 그 다음에는 큰 수로부터 작은 수를 뺐다.

서로 거꾸로 된 두 수는 기운데 동일한 숫자를 가지고 있다. 두 수에 있어서 맨 앞 숫자(백의 자리 수)와 맨 뒤 숫자(일의 자리 수)들은 서로 반대의 순서일 뿐 동일하다. 그러면 뺄셈을 할 때 백의 자리에서는 작은 숫자가 아래에, 일의 자리에서는 큰 숫자가 아래에 있다.

우리는 마지막 자리에서 뺄셈을 시작한다. 더 큰 숫자가 아래에 있기 때문에, 우리는 어느 경우에나 받아내림("1을 넘기라")을 하게 된다. 가운데에는 위나 아래에 같은 숫자가 있지만, 받아내림을 통해 1이 덧붙여진다. 그러므로 그 결과는 9가 되는데, 이때 우리는 1을 빌려오게 되었던 것이다. 이제 백의 자리를 살펴보자. 여기에는 일의 자리와 동일한 숫자들이 다만 서로 반대의 순서로 있다. 다시 말해 백의 자리와 일의 자리에서 각각 뺄셈한 결과를 합쳐 10이 되어야 한다는 말이다. 그렇지만 1을 빌려준 것을 염두에 둔다면 두 수의 합은 9가 된다.

이제 결정적인 중간 결과가 나온다. 그 뺄셈의 결과는 언제나 가운데 숫자는 9이고 왼쪽과 오른쪽의 숫자들은 합치면 9가 되어야 한다. 그러므로 오로지 198, 297, 396, (…) 891만이 가능하게 된다. 거기에 그 수를 거꾸로 한 수를 더하면 언제나 1,089를 얻게 된다.

이러한 논리를 수학자라면 받아들일 것이다. 그러나 그 수학자는 이와 동시에 물을 것이다. 우리가 일의 자리와 백의 자리의 숫자가 동일한 수를 선택한다면 어떻게 될까? 예를 들어 353과 같은 수를 택한다면 말이다. 그러면 이 수(353)에서 이 수를 거꾸로 한 수(353)를 뺀다면 0이 될 것이고, 그 다음의 덧셈에서도 다시 0이 나올 것이다. 그뿐 아니라 두 자리의 차이가 1인 경우에도 어려움이 생긴다.

그러니까 이 문제는 다음과 같아야 한다. "일의 자리의 수와 백의 자리의 수가 최소한 2 이상의 차이를 가지는 세 자리의 수를 생각해 보라. 그 다음에……."

그러면 이제 수학자도 만족하게 될 것이다.

바퀴 테의 수학 40강

자동차 바퀴 테는 안정적이고 아름다울 뿐 아니라, 수학적으로도 흥미롭다. 바퀴 테는 회전 대칭을 이루고 있다. 그리고 종종 심지어 거울 대칭을 이루기도 한다.

내가 자동차를 사던 그날을 돌이켜보면 등골이 오싹하다. 우리 가족은 어떤 자동차가 좋은지에 대해서 모두 뚜렷한 견해를 가지고 있었다.

아들은 창문을 자동으로 올리고 내릴 수 없거나 중앙 잠금장치가 없다면 창피한 일이라고 분명하게 선언했다. 딸에게는 차의 외관이 중요했다. "엄마 아빠가 빨간 차를 사면 저는 절대로 안 탈 거예요!" 내 아내는 가격과 성능 대비에 큰 가치를 두었고, 나는 그 다양한 견해들을 하나로 모으느라 진땀을 흘렸다.

그렇다. 이는 분명한 사실이다. 자동차처럼 우리 삶에 있어 중심이 되는 물건을 그렇게 완전히 다른 관점에서 바라볼 수도 있는 것이다. 어떤 사람에게는 형태와 색깔이 중요하다. 테크놀로지를 중시하는 사람에게는 뉴턴미터와 CW값이 결정적이다. 가정의 예산을 책임지는 사람에게는 경제성이 중요하다.

우리는 자동차를 수학적 관점에서 바라보는 것이 가능할까? 자동차를 사면서 수학 얘기를 늘어놓았다면, 우리 가족은 소리 소문 없이 나를 살해했을지도 모른다.

그러나 자동차는 사실 수학투성이다. 차체의 형태, 내부 공간의 표면, 도난방지장치, 각종 전자장치 등이 모두 수학을 포함하고 있을 뿐 아니라, 수학 없이는 불가능했을 것이다. 물론 우리가 수학을 눈으로 보기는 어렵다. 그러나 한 부분에서만은 분명하게 드러난다. 그것은 바퀴 테다!

바퀴 테는 안정적이고 아름다울 뿐 아니라 언제나 특별한 형태를 띤다. 가운데로부터 바깥쪽으로 매우 규칙적으로 배열되고 바퀴 테마다 서로 다른 두께를 지닌 '지주들'(혹은 바퀴살들)이 뻗어나간다.

우선 흥미로운 것은 살의 개수다. 물론 그 개수는 바퀴마다 다르지만, 대개의 경우는 홀수다. 4개가 아니라 3개 또는 5개라는 말이다. 또한 바퀴살이 7개나 9개인 경우도 종종 있는데, 6개인 경우는 거의 드물다. 한 번 직접 살펴보라!

그 개수보다 더욱 눈에 띄는 사실은 바퀴살들의 규칙적인 배열이다. 이것을 수학자들은 '대칭'이라고 부를 것이고, 이는 회전 대칭을 의미한다. 이는 이해하기 쉬운 것이다. 바퀴 테를 조금 돌려보면 바퀴 테는 돌리기 전과 정확히 동일하게 보인다. 그럼 얼마나 돌리면 될까? 바퀴살이 네 개인 경우에는 90도, 세 개인 경우에는 120도나 240도를 돌리고, 5개인 경우에는 72도 혹은 72도의 배수를 돌리면 된다. 규칙은 다음과 같다. 360도 나누기 바퀴살 개수. 가령 바퀴살이 5개인 경우에는, 다시 동일한 모양이 나타나는 최소의 회전각은 $360 \div 5 = 72$노인 것이다. 모든 바퀴 테는 이러한 회전 대칭을 가지고 있다.

이에 더해서 대부분의 바퀴 테는 통상적인 의미에서도 대칭적이다. 다시 말해서 바퀴 테는 거울 대칭적이기도 한 것이다. 오른편 절반은 정확히 왼편의 절반과 동일하게 보인다. 이는 바퀴살 자체의 모양이 각각 동일할 경우에는 언제나 그러하다.

그러나 때때로 바퀴살들이 풍력기처럼 한쪽으로 굽은 경우도 있다. 그러면 바퀴살들은 다만 회전 대칭만을 가진다. 나에게는 특히 흥미로운 사실이다.

덧붙여 말한다면, 우리는 짙은 청색의 중형 자동차를 샀다. 그 자동차에 중앙 잠금장치는 있지만 창문 개폐장치는 없다. 그리고 바퀴 테에는 바퀴살이 5개이며 대칭을 이루고 있다!

지루한 강림절(크리스마스 직전 4주.—옮긴이) 일요일. 그렇지만 수학자들은 강림절 화환에서 타내려가는 초들을 어떻게 프로페셔널하게 절약할 수 있을지 고민한다. 크리스마스 때 남은 양초들을 쓰레기통에 버리는 일이 없도록.

매년 강림절에 우리와 같은 부모들은 그것이 얼마나 아름다울지를 상상한다. 저녁마다 가족들이 강림절 화환을 둘러싸고 앉아, 아이들은 아버지가 하시는 말씀을 열심히 듣고 그 다음에는 말대꾸 없이 얌전하게 잠을 자러 가는 것이다.

여러분 가정에서는 혹시 그럴지도 모르겠다. 우리 집에서는 크리스토프와 마리아가 식탁에 앉기는 하지만, 내 말에 귀를 기울이지는 않는다. 아이들은 촛불 안에 손가락을 들이밀거나, 작은 전나무 가지를 태우거나, 타고 나서 다시 굳어가는 양초를 녹이거나, 하여간 엉뚱한 짓을 할 생각들로 머릿속이 가득 차 있다.

나는 아이들에게 이성적인 생각을 불어넣으려고 애쓴다. "옛날 옛적에 아주 질서정연한 가정이 있었는데, 그 집에서는 강림절 화환의 초들도 아주 질서정연하게 타들어 갔단다."

마리아가 "그게 무슨 말씀이세요?"라고 끼어들었다. 그래도 마리아는 내 말을 듣고 있었던 것이다.

"그러니까 말이야. 불을 붙인 초는 일요일에 정확히 절반이 타 내려간다는 거지. 강림절의 첫째 일요일에는 첫 번째 초 절반이 타고, 강림절 둘째 일요일에는 두 개의 초가 절반이 타는 거지. 물론 세 번째, 네 번째 일요일에는 각각 세 개와 네 개의 초가 타야 하고."

"근데 뭐가 문제예요?" 아이가 묻고 내가 대답한다. "가족들이 총 다섯 개의 초만으로 버티려는 거지. 그러려면 어떻게 해야 할까?"

"지난해에도 물어보셨잖아요." 하품을 하면서 크리스토프가 대꾸하자 아이 엄마가 골똘히 생각하다가 말한다. "거기에 트릭이 있었어."

크리스토프는 빠르다. "강림절 둘째 주일에는 새로운 초 한 개(2번)에 불을 붙일 뿐 아니라, 첫 번째 주일에 타던 초(1번)가 완전히 타게 하잖아요(1번+2번). 그리고 셋째 주일에는 새 초를 꽂고 아직 타지 않은 초들에만 불을 붙이는 거죠.(3번+4번+5번) 그러면 네 번째 주일에는 아직 덜 탄 모든 초(2번+3번+4번+5번)가 다 탈 수 있어요."

그렇지만 내게는 히든카드가 있었다. "펜타고니엔이라는 나라에서는 강림절에 일요일이 다섯 번 오고 그래서 강림절 화환에 초가 다섯 개 있다고 치자." 나는 아이들을 날카롭게 바라보았다. "펜타고니엔의 질서 있는 가정에서는 매 일요일마다 초들이 $\frac{1}{3}$씩 타들어가지. 초들은 강림절 첫째 주 이전에 꽂히고, 하나도 교체되지 않지. 그러면 다섯 개의 초로 충분할까?"

두 아이는 입을 벌리고 나를 바라보았다. 그런 문제가 이 세상에 있을 법하지 않기는 하지만, 어쨌거나 아이들은 도전의식으로 눈을 빛냈다. 크리스토프는 잠시 숨을 가다듬기 위해 다음과 같이 물었다. "초 한 개가 일요일마다 $\frac{1}{3}$이 탄다면, 몇 번이나 탈 수 있을까요?" 그리고 아이는 스스로 대답을 내놓았다. "첫 번째 주일에는 한 개, 두 번째 주일에는 두 개, 하는 식이니까 총 1+2+3+4+5, 그러니까……." 마리아가 도와주었다. "그러니까 15번."

"정확히 말하면 초 $\frac{1}{3}$이 15개, 그러니까 초 전체는 5개지." 아내가 핵심을 찔렀다.

그러는 동안 크리스토프는 이 답에 대해 생각해보았다. "둘째 주일에 첫째 주일의 초(1번)는 다시 $\frac{1}{3}$이 타고, 두 번째 초(2번)는 처음으로 $\frac{1}{3}$이 타죠." 그 아이는 그 장면을 작은 전나무 가지들로 재연하면서 우리에게 실감나게 보여주었다. 마리아는 그 다음에 어떻게 계속될지를 이내 이해했다. "세 번째 주일에는 초 3번, 4번, 5번에 불을 붙이고, 네 번째 주일에는 초 2번, 3번, 4번, 5번에, 그리고 다섯 번째 주일에는 1번부터 5번까지 다섯 개의 초들을 모두 타게 하는 거죠." 마리아는 의기양양한 눈빛으로 끝을 맺었다.

여러분도 아이들에게, 강림절 주일이 여섯 주이고 강림절 화환에 초가 여섯 개 있는 젝스타니엔 나라를 가지고 한 번 해보라. 초가 $\frac{1}{3}$씩 타들어간다면 젝스타니엔 사람들에겐 몇 개의 초가 필요할까?

줄을 그어 계산하는 전통적 방법에 비하여 인도-아라비아 숫자가 더 우월함을 묘사하고 있는 그레고르 라이쉬Gregor Reisch의 이 목판화(1508)에도 40이라는 수가 등장한다. 이 그림의 아리트메티카 여신(산술의 여신)이 입고 있는 옷의 왼쪽 편에는 1, 3, 9, 27이라는 수가 나오고 이 수들을 모두 합하면 40이 되는 것이다!

40이라는 수에서 특별한 점은 무엇인가? 10이나 100은 쉽게 기억할 수 있는 수이고, 또 당연히 10년이나 100년 기념식은 축하할 만하다! 그렇지만 40은? 40이 가진 것이 정말 무엇인지 한번 살펴보자.

모든 수는 소인수로 분해할 수 있다. 40을 소인수 분해하면 $40=2 \times 2 \times 2 \times 5$이다. 100을 소인수 분해하면 $100=2 \times 2 \times 5 \times 5$이다. 그래서 둘은 아주 비슷하게 보인다. 이들은 동일한 소수들, 즉 2와 5로 이루어져 있고, 총 개수도 동일하다(모두 4개의 인수). 100에서는 2 하나가 5로 대체되어 있을 뿐, 40과 100은 그다지 달라 보이지 않는다. 그러니까 우리는 40년째에도 기꺼이 축하를 할 수 있을 것이다!

또한 우리는 어떤 수를 다른 수들의 합으로서 '아름답게' 나타낼 수 있는 방법을 조사할 수 있다. 나는 40이라는 수를 가장 아름답게 표현하는 것은 $40=1+3+9+27$이라고 생각한다. 1, 3, 9, 27은 모두 3의 거듭제곱이다. $1=3^0$, $3=3^1$, $9=3^2$, $27=3^3$인 것이다. 다시 말해 40은 연달아 나오는 3의 거듭제곱의 합이라는 의미고, 이는 40이 밑수 3의 체계에서 $(1\ 1\ 1\ 1)_3$의 형태를 가진다는 것을 뜻한다. 무척 그럴듯한 일이다!

그 형태의 아래에 적힌 3이라는 수는 우리가 이 숫자들을 3진법으로 읽는다는 것을 의미한다. 3진법은 그 원리에 있어서 10진법과 동일하지만, 10의 거듭제곱이 아니라 3의 거듭제곱에 기초하고 있다는 점이 다르다. 이것이 구체적으로 의미하는 것은 맨 오른편의 숫자에는 $1(=3^0)$을 곱하고, 그 왼편의 숫자에는 3을 곱하며, 그 다음 숫자에는 9를, 그리고 맨 왼쪽의 숫자에는 27을 곱한다는 것이다. 공식으로 나타낸다면 $(1\ 1\ 1\ 1)_3 = 1 \times 27 + 1 \times 9 + 1 \times 3 + 1 \times 1 = 40$이다.

이제 다시 한 번 40이라는 수를 이루는 부분들, 즉 4와 0을 살펴보자. 이들은 정말로 특별하다. 4라는 수를 보면 $4=2+2$ 그리고 $4=2 \times 2$이다. $x+x$인 동시에 $x \times x$로 표시될 수 있는 양수는 4외에는 없다. 4는 ($0=0^2$과 $1=1^2$ 다음에 나오는) 최초의 '본격적인' 제곱수이다. 2라는 수는 배가倍加의 원칙을 상징한다. 그러니까 4는 이중의 배가를 상징하는 것이다.

이제 0이라는 수를 보자. 0은 가장 중요한 숫자다! 그런데 수의 역사는 0이 없는 채로 수백 년이 흘러갔다. 우리는 왜 '무'에 대한 기호를 가져야 할까. 무를 표시할 수 있는 것은 아무것도 없다. 그러나 인도인들이 0을 발명하고 아랍인들이 이를 서구에 가져온 이후, 이것은 우리의 수 표현과 (상대적으로 간단한) 계산을 위한 기초가 되었다.

늦어도 1202년 이후로는 0이 서양에도 알려졌다. 당시 이탈리아 수학자 피보나치가 《주판의 책Liber abbaci》이라는 저서를 출간했는데, 거기에서 그는 0의 발명과 그로부터 생겨난 온갖 장점들을 서술했던 것이다.

이제 어떠한가? 여전히 40이 지루하고 별로 흥미로울 것도 특이할 것도 없는가? 결코 그렇지 않다는 사실을 여러분이 납득했기를 바란다.

우리는 모든 수에서 재미있고 흥미진진하고 중요하고 놀라운 점을 발견할 수 있다. 우리가 유심히 들여다보기만 한다면!

주유소의 놀라운 바닥 43강

수학자는 주유소에서도 기름만 넣는 것이 아니다. 수학자는 수수께끼에 대해서 골머리를 썩인다. 대체 왜 그 바닥에는 육각형의 포석들이 깔려 있을까?

때때로 우리는 아이들이 비장의 카드를 지니고 있으면서도 그것을 적절한 때 제대로 써먹을 줄 모른다는 사실을 깨닫게 된다. 나는 언제 이런 것을 느끼는가. 그 아이들이 주의 깊게 경청하는 태도에서? 혹은 움찔하는 입가 주름에서? 혹은 번득이는 눈빛에서?

최근 우리 가족에게 그런 상황이 찾아왔다. 친하게 지내는 사람의 집을 방문하기 위해 우리 가족 모두가 함께 길을 나섰다. 처음 차를 타고 출발할 때 나는 기름을 가득 채워넣었다. 우리가 다시 길로 나서자마자 딸 마리아가 물었다. "아빠. 주유소에서 바닥 보셨어요?"

아마도 별 것 아니라는 듯한 목소리 때문이었거나 아니면 그 살펴보는 듯하는 눈빛 때문이었을 것이다. 나는 내가 모르는 어떤 것을 그녀가 알고 있다는 사실을 깨달았다. 아이는 조금 더 긴장감을 고조시켰다. "아빠가 흥미로워 할 것이 있었거든요."

그렇다. 아이는 뭔가를 알고 있었다. 하지만 아이는 그것을 쉽사리 누설하지 않을 것이니, 내가 맞춰야만 하는 것이다.

"바닥 위에 뭐가 있었다고?" 나는 조심스럽게 더듬어보았다.

"아뇨. 바닥 자체가 그렇다고요." 아이는 내게 힌트를 주었다.

주유소의 바닥이 모두 아스팔트로 덮여 있었던가? 아니다. 나는 최소한 주유소 바닥에 포석이 깔려 있었다는 것만은 기억하고 있다. "그럼 4각형 포석들을 말하는 거니?" 내가 던진 질문은 분명 잘못된 것이었다. 마리아는 대답을 하지 못한 채 우물거렸고, 나는 그게 문제의 핵심이 아니라고 생각했다. 하지만 아이는 곧 비밀을 털어놓았다. "아빠는 사각형 포석으로 보셨단 말이죠?"

그러니까 그게 바로 요점이었던 것이다! 나는 생각을 해보았다. 분명히 포석은 한 종류로 깔려 있었을 것이다. 그리고 아마도 정다각형이었을 것이다. 그렇다면 삼각형, 사각형, 육각형만이 가능하다. 이에 대해서는 요하네스 케플러도 이미 알고 있었다. "그러니까 사각형이 아니었다고?" 나는 조심스레 물었다.

아이는 정직하게 대답했다. "예. 포석은 사각형이 아니었어요."

"그러면 삼각형이거나 육각형이었겠구나." 나는 내가 가진 수학적인 지식을 한껏 활용해서 말했다.

"왜 그런데요?"

음. 아이가 원한다면 케플러의 정리를 증명해줄 수도 있었다. "오각형으로는 안 되지. 서로 잘 들어맞지 않거든. 하나의 꼭짓점에서 세 개의 오각형이 만나면 빈 틈이 남고, 네 개의 오각형을 함께 붙이려면 서로 포개지게 된단다."

"그럼 칠각형이나 전각형으로는 어떤데요?" 마리아의 그 질문은 나나 케플러 중 아무도 당황스럽게 하지 못했다.

"칠각형부터는 아주 간단하지. 칠각형 이상의 '정n각형'일 경우,

각의 크기가 너무 크기 때문에, 한 꼭짓점에서 세 도형을 서로 포개지지 않게 붙이지 못하거든. 그러니까 커다란 주유소 바닥 전체를 덮기는커녕 작은 무늬 하나도 만들 수 없는 거야."

아이는 그 말을 인정하는 것처럼 보였다. 그렇지만 그 아이는 그래도 이런 질문을 던졌다. "그러니까 어느 거예요? 삼각형이에요, 아니면 육각형이에요?"

"흠. 수학적으로 본다면 어느 쪽으로도 결정할 수 없지. 수학은 다만 삼각형이거나 혹은 육각형이라고만 말할 수 있어."

"그러면 너무 약한 거 아니에요?" 사람들이 수학을 얼마나 철석같이 믿고 있는지에 대해서 나는 늘 놀라게 된다. "제가 말해 드릴까요?" 육각형이에요. 아주 거대한 벌집처럼 보인다니까요."

"와!" 나는 진짜로 놀랐다. 그때 내게 어떤 생각이 떠올랐다. "지금은 수학적이라고 할 만한 설명을 내놓을 수 있겠다."

"그럴 줄 알았다니까요."

"사각형이나 삼각형으로 이루어진 문양에서는 선을 따라 포석들이 미끌어질 가능성이 언제나 존재하게 되지. 그러나 육각형으로 덮게 되면 그러한 미는 힘에 대해 훨씬 더 안정적일 수 있단다."

다음 번에 기름을 넣을 때 당신도 바닥을 한 번 내려다보라!

프랑스 신학자 마랭 메르센Marin Mersenne, 메르센 소수는 그의 이름을 땄다.

소수가 무엇인지 모르는 사람은 없을 것이다. 3도 소수고 5도 소수지만 6은 소수가 아니다. 수학자들의 깔끔한 정의에 의하면 오로지 1과 자기 자신으로만 나머지 없이 나누어지는 자연수가 소수다. 여기서 강조점은 '오로지'에 놓여 있다. 왜냐하면 모든 수는 1과 자기 자신으로 나누어 떨어지고, 소수는 그 외에 다른 나누는 수를 가지지 않기 때문이다. 보통 1은 소수에 포함시키지 않는다. 그러니까 소수는 2, 3, 5, 7, 11, 13, 17 하는 식으로 나아간다. 누구든지 이 주목할 만한 숫자들에 대해 질문할 수 있다. 문제는 단지, 보통은 이 물음들이 믿을 수 없을 만치 답변하기 어렵다는 점이다. 그 다음 소수는 무엇인가? 소수에 어떤 공식이 있는가? 대체 얼마나 많은 소수가 존재하는가?

최소한 마지막 질문만은 쉽게 대답할 수 있다. 소수는 무한히 존재한다. 소수의 나열은 결코 끝나지 않고, 언제나 더 큰 소수가 존재한다! 이는 유클리드가 세계 최초의 수학책인 《기하학원본》(기원전 약 300년)에서 이미 밝힌 바 있다.

그러나 소수가 끝없이 나아간다는 사실을 안다고 해도 우리는 그것이 어떻게 계속 나아가는지에 대해서는 모른다. 수백년 전부터 수학자들은 이 얽히고설킨 수 중에서 더 큰 수를 찾기 위해 애쓰고 있다. 여기에서 어떠한 세계 기록도 영원히 유지될 수 없다는 사실만은 분명하지만, 그래도 제일 큰 소수가 발견될 때마다 거창하게 경축하곤 한다.

특히 그 세계 기록들은 프랑스 신학자 마랭 메르센marin mersenne (1588~1648)의 이름을 따서 '메르센 소수'라고 불리는 특수한 종류의 소수들과 관련되어 있다. 이 박학다식한 사람은 신학 외에도 음향학, 음악, 수학에 관심을 가졌다. 메르센 소수들은 2^n-1, 그러니까 2의 거듭제곱 빼기 1이라는 형식을 지닌다. 2^n-1은 소수일 때도 있고, 아닐 때도 있다. 예를 들어 $2^2-1(=3)$, $2^3-1(=7)$, $2^5-1(=31)$은 소수이지만, $2^4-1(=15)$은 소수가 아니다.

우리는 지수 지체기 소수일 때민 소수를 일을 기회를 가진다는 사실을 명심해야 한다. 예를 들어 $2^{1000}-1$이 소수가 아니라는 사실은 이 수를 계산하고 검사해보지 않더라도 알 수 있다.

그렇지만 지수가 소수라고 해서 그에 상응하는 수가 반드시 소수인 것은 아니다. 얼마 전까지만 해도 우리는 메르센 소수를 겨우 43개밖에 알지 못했다. 메르센 소수가 무한히 많이 존재하는지는 아직 풀리지 않은 물음이다. 그러나 그에 대한 대답이 '그렇다'일 것이라는 사실에 대해 의심하는 수학자는 거의 없다.

2006년 9월 4일 다시 한 번 일이 벌어졌다. 이날 44번째 메르센 소수가 발견되었다. 그 소수는 $2^{32582657}-1$, 그러니까 2의 3,000만 이상 제곱 빼기 1이다. 어마어마하게 큰 수가 아닌가! 이 수를 쓰려면

9,808,358개의 숫자가 필요하다! 이 수는 전 우주에 존재하는 원자들의 개수보다도 어마어마하게 더 큰 수다. 맹목적인 방법으로는 찾을 수 없으므로, 우리가 어떻게 해야 할지를 정확히 말해주는 매우 정밀한 수학적 방법들을 동원해야 한다.

덧붙이자면, 45번째 메르센 소수를 찾는 일에 여러분도 참여할 수 있다. 그리고 여러분이 행운아라면 여러분 컴퓨터가 45번째 메르센 소수를 찾아낼지도 모른다. 그러니까 www.mersenne.org를 한 번 방문해보기 바란다.

21이라는 수를 가지고 아주 재미있게
놀 수 있다. 파티 참석자 7명 모두가
서로 한 번씩 건배를 한다. 그러면 잔
은 정확히 21번 울리게 된다.

내 딸 마리아는 사랑스럽고 원만한 아이에서 눈 깜짝할 사이에 반항아로 변하는 재주가 있는데, 그러면 우리는 조심해야 한다. 가령 내가 옛 시절에 대해 말한다고 하자. 며칠 전 나는 다시 한번 그러한 죽을죄를 지었다. 나는 아이에게 네가 옛날에 태어났다면 아직도 성년이 아니었을 거라고 말했다. 당시에는 21세가 되어야 성년이 되었기 때문이다. 그러자 아이는 "대체 그게 무슨 말도 안 되는 숫자예요?"라고 으르렁거렸다. "전혀 수학적이지 않잖아요."

나도 질 수 없었다. 나는 혐오감을 가득 품고 있었을 아이 얼굴은 바라보지도 않고 말을 늘어놓기 시작했다. "21이라는 수는 믿을 수 없을 만큼 흥미진진하고 엄청난 비밀을 품고 있어."

나는 마리아가 얼굴을 돌리는 것을 알아차리지 못했다. "21만 해도 상당히 큰 수이기 때문에 그 수까지 이르려면 셈을 잘해야 했지. 10까지는 모든 수가 각각 이름을 가지고 있잖아. 일, 이, 삼…… 그 다음에는 십일, 십이가 오지(독일어에서는 영어와 마찬가지로 11(elf)과 12(zwolf)까지 고유한 이름을 가진다.—옮긴이). 그 다음부터는 어느 정도 어떤 시스템에 따라서 계속되지. 십삼, 십사, 십오……. 그 다음에 이십이 온단 말이야. 그리고 거기에서부터는 언제나 똑같은 도식에 따라서 계속되지. 21을 말할 수 있는 사람은 그 다음에 어떻게 진행되는지를 이미 알고 있는 거야. 그렇기 때문에 21은 우리에게 무한에 대한 전망을 주는 최초의 수인 거야."

마리아는 나의 이성적인 능력에 대해 진지하게 회의하는 눈빛으로 나를 바라보았다. 그래도 나는 꿈쩍도 하지 않았다. "파티에서 7명의 사람들이 모여서 모두가 서로 한 번씩 건배를 하면, 정확히 21번 잔이 부딪히게 된단다."

이제 나는 본격적으로 시작했다. "게다가 7을 생각해 봐. 21은 3 곱하기 7이거든. 그러니까 21은 아주 재밌는 숫자 두 개로 나눠지는 거지. 3은 가장 처음 나오는 제대로 된 수야. 그러니까 우리가 수를 센다는 것이 무엇인지, 수라는 게 무엇인지를 느낄 수 있는 최초의 수라는 말이야. 3은 성스러운 수야. 그에 비해서 7은 가장 다른 수에 적응이 안 된, 그래서 가장 주목해야 할 수 중 하나지. 일곱 언덕 뒤의 일곱 난쟁이, 일곱 가지 죽을죄, 그리고 너는 일곱 개의 다리를 건너가야 하지(독일의 유명한 가요 내용.—옮긴이). 더구나 3하고 7은 소수야! 소수들은 무한히 많지. 21까지만 해도 벌써 8개나 있다니까. 2, 3, 5, 7, 11, 13, 17, 19가 21까지의 소수지."

마리아는 무슨 말을 해야 할지 몰랐다. 나는 그 기회를 이용해서 계속 말을 했다. "8도 생각해보자. 우리는 8을 이용해서도 21을 표현할 수 있어. 그러니까 21은 8+13이지. 여기에는 서로 가장 다른 두 수가 함께 나타나지 않니. 8이라는 수는 완전하고 거의 지나칠 만큼의 대칭을 보여준다고! 2라는 수는 서로 마주 보고 있음, 즉 대칭을 상징하지. 나와 너, 남자와 여자, 오른쪽과 왼쪽. 4라는 수는 대칭이 두 배가 된 것이고, 8은 다시 한 번 대칭이 두 배가 된 것이지. 그에 비해서 13이라는 수는 어때? 이제 13시가 되었다("이제 참을 수 없다"는 의미의 숙어.—옮긴이), 13인의 해적(미하엘 엔데의 동화 〈짐 크노프와 13인의 해적〉을 빗댄 표현.—옮긴이), '악마의 한 다스(한 다스인 12+1로서 13을 뜻한다.—옮긴이)', 불운의 수, 최후의 만찬에 참여한 13인, 13시 13분에 출발해서 1970년 4월 13일 "휴스턴, 우리에게는 문제가 있다."는 그 유명한 말을 보내왔던 아폴로 13호. 그리고 물론 13은 소수지."

이제 마리아는 꼼짝도 하지 않고 나를 바라보았다. 나는 다시 한 번 덧붙였다. "그리고 이 두 수는 21에서 가장 아름답게 합해진단다. 13:8은 아름다움의 척도 그 자체지. 그러니까 황금 분할인 거야. 길이가 21센티미터인 직선을 8센티미터와 13센티미터로 나누면 그것이 바로 황금 분할이지. 물론 1퍼센트 이하의 오차는 있지만 그 오차는 육안으로는 구분이 안 되니까."

슬슬 이야기를 끝낼 시간이었다. "21이라는 숫자에 이렇게 큰 파워가 숨어 있다는 생각을 해본 적 있어?"

마리아는 침을 꿀꺽 삼키고 나를 몇 초 간 바라보다가 할 말을 찾아냈다. "뭐라고 말씀하셔도 좋아요. 하지만 아빠가 말씀하신 이유들 때문에 성년이 되는 나이를 21세로 정했다고 생각하신다면, 그건 큰 착각이라고요!" 그리고 마리아는 휙 사라져버렸다.

극히 일면적인 어떤 것 — 뫼비우스의 띠　46강

뫼비우스의 띠는 눈을 교란시킨다. 비록 우리의 뇌는 이 모든 것이 간단한 일이라고 신호를 보내지만, 그럼에도 불구하고 그 띠는 수수께끼 같은 인상을 준다. 그 휘감긴 띠의 아름다움 뒤에는 수학이 숨어 있다.

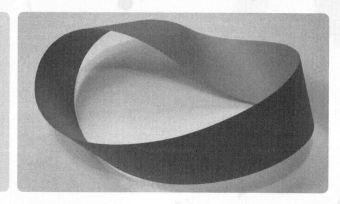

기막힌 일이 아닐 수 없다. 이 꼬인 띠의 매력은 어떤 긴장에서 나온다. 이 띠는 처음에 꿰뚫어보기 어렵다는 인상을 주지만, 곧 이 일이 '원래는' 아주 단순한 것임을 깨닫게 된다. 바로 이 긴장감이 매력의 원천인 것이다.

이 모든 것은 독일의 수학자 아우구스트 페르디난트 뫼비우스 August Ferdinand Mobius(1790~1868)에게서 시작되었다. 그는 1858년 종이 띠를 '그저 단순하게' 서로 붙이는 것이 아니라, 서로 붙이기 전에 끝을 180도 돌린다는 아이디어를 생각해냈다. 그리하여 뫼비우스의 띠가 태어난 것이다! 물론 뫼비우스 이전에도 이미 많은 사람들이 띠를 그렇게 서로 붙였을 것이다. 그러나 이를 진지하게 받아들여야 할 수학적 주제로 생각했던 사람은 뫼비우스가 처음이었다.

뫼비우스의 띠에서 특별한 점은 무엇인가? 우리가 종이 띠 하나를 '평범하게' 붙인다면, 거기에는 안과 밖이 존재하게 된다. 우리는 바깥쪽을 한 가지 색깔로 칠하고, 안쪽은 다른 색깔로 칠할 수 있다. 그러면 또한 두 개의 가장자리, 즉 위쪽과 아래쪽이 존재한다.

뫼비우스의 띠는 이와는 완전히 다르다. 내부와 외부의 차이가 사라지는 것이다. 한 지점에서 색깔을 칠하기 시작해서 계속해서 칠하면 마지막에는 그 띠를 모두 다 칠하게 된다! 다시 말해서 뫼비우스의 띠에는 오로지 한 쪽 면밖에 없다. 아주 일면적인 어떤 것이 아닐 수 없다. 그리고 뫼비우스의 띠에는 가장자리도 하나밖에 없다. 우리가 가장자리를 따라 손으로 띠를 쓰다듬는다면 손을 떼지 않고 모든 가장자리를 쓰다듬게 된다.

종이로 된 뫼비우스의 띠를 그 중심선을 따라서 절반으로 자르면 정말 흥미진진한 일이 생겨난다. 이 실험은 정말 권할 만하다. 띠가 둘로 나눠질까? 절대 그렇지 않다. 거기에는 단 하나의 띠, 길이는 두 배이고 너비는 절반인 단 하나의 띠가 생겨나는 것이다! 이것은 마술이 아니다. 우리는 이를 설명할 수 있다. 우리는 그 마술적인 띠가 계속 이어지는 단 하나의 가장자리 선을 가졌다는 사실을 보았다. '절반을 자를 때' 이 가장자리 선이 걸고 찔리지 않기 때문에, 그렇게 자른 결과는 언제나 하나의 띠가 되는 것이다.

더 놀라운 일은 뫼비우스의 띠를 $\frac{1}{3}$ 만큼 잘라낼 때 일어난다. 오른쪽 가장자리에서 $\frac{1}{3}$ 떨어진 지점에 가위를 찔러 넣고 계속 오른쪽 가장자리와 동일한 간격을 둔 채로 뫼비우스의 띠를 잘라보라. 어떤 일이 생기나? 이제 띠는 둘로 나누어진다. 얇은 뫼비우스의 띠와 길이가 두 배인 띠가 생기고, 이 둘은 서로 얽혀 있게 된다!

이것 역시 이렇게 설명할 수 있다. 뫼비우스의 띠를 절반으로 자르되, 중간 부분에 두툼한 띠를 파낸다고 해보자. 그러면 그때 파낸 부분은 얇은 뫼비우스의 띠가 되고, 나머지 부분이 길이가 두 배인 띠가 되는 것이다.

덧붙이자면 뫼비우스의 띠는 우리의 공간 표상을 실험해볼 수 있는 이상적인 대상일 뿐 아니라, 실용성도 가지고 있다. 우리가 타자기와 프린터에 잉크 리본을 쓰던 그 시절을 기억하는가? 띠가 내장된 카트리지를 타자기나 프린터 안에 넣고 잉크 리본의 한쪽이 다 소모되면 카트리지를 끄집어내 뒤집어 넣어야 했다. 그러나 잉크 리본을 뫼비우스의 띠로 만들어 넣은 카트리지에서는 리본 양쪽의 잉크가 동일한 속도로 소모되기 때문에 카트리지를 뒤집을 필요가 없었다.

그리스 철학자 플라톤은 축구를 하지는 않았지만, 정다각형들로 만든 둥근 축구공의 수학적 기초에 열중했다.

이제 다시 공이 구른다. 유럽축구선수권대회가 시작되었을 때 신문과 방송은 연습구장 소식, 전문가 인터뷰, 선수들 부상 등의 뉴스로 가득 찼다. 사람들은 흥분하고 선수들은 이렇게 저렇게 경기를 하며, 이 모든 것이 다 끝나고 나면 사람들은 누구나 이런 결과가 나올 줄 예견했다고 말한다.

이럴 때에는 가장 중요한 것, 즉 축구공 자체는 관심에서 멀어진다. 축구공, 그것은 욕망의 대상이다. 축구공은 모든 대규모 국제대회를 위해서 새로 디자인된다. 그렇지 않으면 아무도 새 공을 사지 않을 것이기 때문이다. 이번에는 특별히 매력적인 공이 등장했다. 2004년 유럽선수권대회 공인구는 은색이고 지구를 연상시킨다. 그 위에 그려진 선들은 경도와 위도를 상징한다. 포르투갈의 위대한 발견과 정복의 전통이 다시 부활한 것이다(유로2004 대회는 포르투갈에서 개최되었다.―옮긴이). 이는 공인구의 이름에서 가장 분명하게 드러난다. 로테이로Roteiro는 포르투갈의 발견자이자 항해자 바스코 다 가마Vasco da Gama(1469~1524)의 항해일지 이름이기도 하다.

그러나 공의 아름다운 표면도 그 아래의 모양, 즉 그 공을 이루고 있는 부분들을 감출 수는 없다. 그것들은 규칙적으로 배열된 다각형, 즉 육각형과 오각형들이다. 여러분이 로테이로를 손에 들면 그것을 느낄 수 있다. 아니면 여러분은 머릿속에 축구공 하나를 상상해볼 수도 있다. 그러면 여러분은 분명 검은 색과 흰 색으로 이루어져 있고 검은 부분들이 균등하게 분포되어 있는 공을 떠올릴 것이다. 검은 부분들은 오각형이고 흰 부분들은 육각형이다.

　여러분의 상상에 의하면 축구공은 기본적으로는 하얗고 검은 반점들을 가졌다. 그것은 옳은 상상이다. 여기에는 20개의 (흰) 육각형과 12개의 (검은) 오각형이 있다. 육각형만으로는 아무것도 되지 않는다. 육각형은 서로 완벽하게 맞춰지기 때문에 평면밖에 만들 수 없다. 각 꼭짓점의 각이 정확히 120도를 이루므로, 거기 모인 세 각의 합은 편평한 360도가 된다. 달리 말하자면, 정육각형으로는 아무리 해도 축구공 비슷한 것이 나오지 않는다. 그리고 오각형으로는 반쯤 '둥근' 물체를 만들 수 있다. 그러니까 오각형 12개로 정12면체를 만들 수 있는데, 이는 그리스 철학자 플라톤이 이미 2,000년 전에 연구했던 '플라톤 입체' 중 하나인 것이다.

　그러나 정교한 기술을 가진 오늘날 그라운드의 예술가들에게 정12면체는 너무 덜 둥근 것이리라. 그래서 32개의 부분으로 이루어진 축구공이 선택되었는데, 이는 최적의 곡선과 적절한 축구공 조각 수 간의 타협이었던 것이다. 정다면체로 입체를 만들 또 다른 가능성에 대해서는 나는 이미 〈축구 감독 헤르베르거 씨의 실수〉라는 강의에서 보여주었다.

　이제 축구공을 실제로 만들어보자. 조각조각 서로 이어서 꿰매는

데, 꿰맨 자국들은 모두 축구공 안으로 들어가야 한다. 어떻게 그럴 수 있는가? 여러분은 공의 왼편을 꿰매고 나서 이를 오른편으로 뒤집으면 된다고 즉각 말할 수도 있겠지만, 이러한 견해는 올바르지 않다. 만일 그렇다면 여러분은 공을 다시 한 번 왼편으로 뒤집을 수도 있어야 하기 때문이다!

그러나 기본적으로는 이러한 상상은 올바른 것이다. 공을 다시 뒤집을 수 있을 때까지 그 왼편이 한 땀 한 땀 꿰매어진다(그러려면 작으면서도 힘 있는 손이 필요하다. 그래서 많은 공이 아이들에 의해서 만들어진다. 그러나 여러분의 공에는 그것이 아동 노동을 통해 제조된 것이 아니라고 적혀 있는 경우도 있다). 공을 뒤집은 다음에도 아직 꿰매는 일은 끝나지 않았다. 이제 마지막으로 거칠고 성기게 꿰매어, 마지막에 하나의 실만 당기면 되도록 한다. 그리하여 모든 것을 함께 끌어당겨 합치는 것이다.

유럽선수권대회를 위한 나의 권장사항. 여러분이 응원하는 팀에 크게 실망하게 된다면, 공의 수학적 아름다움에 대해서만 생각하라!

4차원 — 아주 간단해

4차원 공간이라는 것을 어떻게 떠올려야 하는가? 대체 그런 것이 가능할까? 살바도르 달리Salvador Dali는 이 문제를 예술적으로 다루었다.

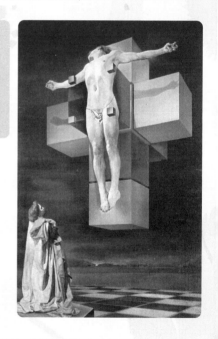

얼마 전 내 친구 페터가 물었다. "너는 4차원을 상상으로 떠올릴 수 있어?" 우리는 한 달에 한 번 만나 이런저런 일을 화제로 삼아 맥주를 한두 잔 마시곤 한다. 그에게 "상상할 수 있냐고? 못해!"라고 대답할 수밖에 없었던 건 좀 창피했다. 우리 수학자들은 4차원 공간에서 계산하는 데는 아무런 어려움이 없다. "솔직히 말하자면, 4차원은 나의 상상력을 넘어서는 거야." 페터는 실망하는 기색이 역력했다. "수학자가 이렇게 이야기할 줄은 몰랐는걸."

그럴 때 대체 무슨 말을 할 수 있을까? 난감한 상황이었다. 그래서 우리는 맥주잔을 들여다보다가 한 모금을 더 마시고 잔을 다시 식탁에 내려놓았다. 그 순간 내게 어떤 생각이 떠올랐다. "그래도 뭔가 설명할 수 있을 것 같아. 주사위가 뭔지 알지? 여기 4차원의 주사위가 있다고 하자. 4차원 공간 안의 주사위. 그리고 나는 이 4차원 주사위에 대해서 모든 것을 설명할 수 있어."

"아까보다는 훨씬 낫네." 페터는 중얼거리면서 재촉했다. "자, 네 4차원 주사위로 한 번 시작해보라구!" 나는 맥주잔 받침을 잡은 다음에 말했다. "우선 3차원 주사위에서 한 걸음 뒤로 물러나서 2차원 주사위를 보자고.""뭐라고?" 페터는 놀란 듯했다. "2차원 주사위는

4각형이야." 그러자 그는 곧 이해했다. "좋아. 오로지 4개의 각과 4개의 꼭짓점만 있지."

"그렇지. 우선 꼭짓점들을 세어보자. 사각형은 꼭짓점이 4개이고, 주사위는 8개이고, 4차원 주사위는 그러면……." 나는 페터에게 기회를 주기 위해 잠시 뜸을 들였다. "정확히 16개지." "그러면 모서리는?" 페터는 대담해졌다. "우선 꼭짓점 하나에 모서리 몇 개가 지나가는지 보자고. 사각형에서는 2개, 주사위에서는 3개이고, 4차원 주사위에서는……." 이때 나는 최면을 걸 듯 목소리를 높여 스스로 대답했다. "4개지."

"또 뭐가 있지?" "좋은 질문이야. 잘 봐. 사각형에는 모서리가 있고, 주사위에는 사각형이 있고 그러면 우리 4차원 주사위에는? 그렇지 3차원 주사위가 있지!" "그렇지만 몇 개나 있는 거야?" 페디가 물었다. "정말 알고 싶다면 생각해봐. 4차원 주사위의 꼭짓점 하나에는 3차원 주사위가 몇 개나 있지?"

"모서리가 4개가 있고, 그중 각각 3개씩 모여 주사위 하나를 이루지. 그리고 네 개의 모서리에서 세 개를 고르는 데는 정확히 4가지 방식이 있기 때문에, 각 꼭짓점에는 4개의 3차원 주사위가 있는 거지."

"그러니까 전부 합하면……." "그거야 뭐. 우선 꼭짓점 16개 곱하기 4니까 총 64개겠지. 그렇지만 각 3차원 주사위 하나마다 꼭짓점이 8개씩 있고, 각 꼭짓점의 관점에서 본 3차원 주사위를 모두 합친 개수가 64개라는 이야기잖아. 그러니까 64 나누기 8을 해야지. 즉 4차원 주사위에는 8개의 3차원 주사위가 있는 거야." 페터는 다시 한

번 침을 꿀꺽 삼켰다. "그래도 아직은 4차원 주사위를 떠올릴 수 없는데." "잘 보라고. 보통의 3차원 주사위는 어떻게 만들지?"

페터는 이것은 알고 있었다. "종이를 잘라내되, 옆면들이 이미 붙어 있도록 해서 모서리 몇 개만 서로 붙이면 되잖아?"

페터는 금방 생각해냈다. "그러니까 사각형 4개가 위에서 아래로 순서대로 붙어 있고, 오른쪽과 왼쪽에 사각형이 각각 하나씩 더 붙어 있는 거지."

"좋아." 내가 말했다. "우리는 이것을 주사위의 전개도라고 부르지. 그리고 4차원 주사위도 똑같은 거야."

"어떻게? 아주 똑같다는 거야?"

"물론 약간의 조정은 필요하지. 이때는 전개도가 평면이 아니라 3차원 공간에 놓여 있고, 3차원 주사위들로 이루어져 있어. 그중 4개는 서로 위아래로 겹쳐져 있고, 그 다음에 오른쪽에 하나, 왼쪽에 하나, 앞쪽에 하나, 뒤쪽에 하나."

"내가 그걸 떠올릴 수 있을 것 같아?"

"왜 못해? 겨우 3차원 공간에 있잖아!" 나는 외쳤다. "살바도르 달리는 바로 이러한 구조의 그림을 그렸어. 십자가에 못 박히는 장면인데, 거기서 십자가는 4차원 정육면체의 전개도거든."

"달리는 늘 그렇지. 신성을 모독하긴 하지만 천재적이야." 늘 그렇듯 마지막 결론은 페터가 내렸다.

회전 숫자판

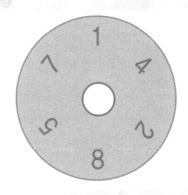

단순한 회전판 위에 아무렇게나 쓴 것처럼 보이는 여섯 개의 숫자. 그러나 이 '물건'은 예측할 수 없었던 수학적 잠재성을 가지고 있다.

아직도 나는 정확히 기억하고 있다. 나는 초등학교 3학년이었고, 이제 막 수를 써서 곱셈하는 법을 배웠다. 그때 아버지가 무엇인가를 내게 보여주셨다. 아버지는 그 '물건'을 아무 말도 없이, 마치 아무것도 아니라는 듯이 탁자 위에 놓고 그 앞에 앉으셨다. 그러나 그의 눈, 그리고 무엇보다도 입가는 그 물건에 무언가 특별한 점이 있음을 암시해주었다. 그 '물건'은 작고 둥근 마분지 판이었고, 그 위에 숫자들이 둥글게 적혀 있었다. 숫자들은 보통 차례대로 1, 2, 3, 4, 5라고 적힌 것도, 2, 4, 6, 8처럼 규칙적으로 적힌 것도 아니었다. 숫자들은 어쩐지 뒤죽박죽으로 보였다.

"이 판 위에 숫자가 몇 개나 있지?" 아, 아버지는 내게 비밀을 가르쳐주시려는 거구나. 나는 세어보았다. "하나, 둘, 셋, 넷, 다섯, 여섯. 여섯 개요." "어떤 숫자들이지?" 나는 신중하게 순서대로 그 숫자들을 읽었다. "1, 4, 2, 8, 5, 7. 근데 이 숫자들이 뭐예요?"

"너는 이제까지 숫자를 하나씩만 읽었지. 그러니까 전체 수를 이루는 부분들을 읽은 거지. 이제 이 여섯 개의 숫자를 하나의 수로 조립할 수 있겠지." 아버지는 142,857이라는 수를 종이 위에 쓰신 다음에 물었다. "이 수는 어떻게 읽지?" 그 당시 큰 숫자만 보면 흥분하던 때였으므로 나는 이 수를 줄줄 읽어내렸다. "십사만이천팔백오십칠이요."

아버지가 말씀하셨다. "그렇지만 다른 숫자에서 시작해 둥글게 읽어 내려갈 수도 있겠지. 예를 들어 428,571이라고 읽을 수도 있어." 나는 아버지를 도와드리기 위해 "사십이만팔천오백칠십일."이라고 말했다. "그래." 아버지는 계속하셨다. "아니면 285,714나 571,428……." "아니면 714,285나 857,142요."라고 나는 회전판을 돌리며 끼어들었다.

"그러면 그 중에서 처음 수를 가지고 거기에 2를 곱해보렴!" "142,857에요?" "그래. 바로 그 수로." 나는 종이를 가져다가 계산하기 시작했다. 그리 어렵지 않았다. 잠시 후 나는 답을 구했다. 285,714.

"뭔가 떠오르는 게 없니?" 아버지는 처음에 아무것도 아닌 적 숫자판을 보여주었을 때와 마찬가지로 입가를 움찔거렸다. 그래. 뭔가 있었다. 그렇다. 숫자판을 돌리면 바로 그 수가 나타나는 것이다! 믿을 수 없는 일이었다.

"처음 수에 이번에는 3을 곱해보렴." 나는 즉시 어떤 예감을 가졌다. 나는 계산을 했고 이번에는 142,857×3=428,571이라는 결과를 얻었다. 또다시 목록에 있는 수이다. 아버지는 더이상 아무 말도 할 필요가 없었다. 실제로 아버지는 아무 말씀도 하지 않고 내가 계산을 계속 하도록 내버려두셨다.

$$142,857 \times 4 = 571,428$$

$$142,857 \times 5 = 714,285$$

$$142,857 \times 6 = 857,142$$

"믿기 어려운 일 아니냐?" 아버지는 이미 알고 있는 일에 대해서도 다시 한 번 놀랄 수 있는 재주를 가지셨다. "이 여섯자리 수에 1, 2, 3, 4, 5, 6을 곱해서 얻은 답은 이 숫자판을 돌리면 얻을 수 있단다!"

"기가 막혀요! 그런 수들이 또 있나요?" 당시에는 아버지의 대답을 이해하지 못했던 것이 분명하다. 그 대답은 좀 복잡했던 것이다. 분수 $\frac{1}{7}$을 소수로 바꿔서 표현하면 $\frac{1}{7} = 0.\overline{142857}$이 나온다. 수 위의 줄은 '순환적' 소수라는 의미로 모두 쓰면 $0.142857142857142857\cdots$로 계속 나가게 된다.

$\frac{1}{7}$에서 그 주기가 가질 수 있는 최대 길이는 분모 7보다 1이 적은 수, 즉 6자리다. 이런 성질을 가진 다음 분수는 $\frac{1}{17} = 0.0588235294117647$이며, 주기는 16자리다. 그리고 0588235294117647라는 수도 '회전판'의 성질을 가졌다. 다시 말해서 1, 2, 3 … 16까지의 수를 곱한 답은 언제나 처음 수를 거꾸로 쓴 수가 된다. 분수 $\frac{1}{p}$ 최대 주기를, 다시 말해 p−1 길이의 주기를 가질 때 언제나 '회전판 수'(전문서적에서는 '순환수'라고 부른다)를 얻는다.

당시 아버지는 그 사실에 대해선 모르셨고 만일 그렇게 말씀해주셨더라도 나는 이해하지 못했을 것이다. 그러나 숫자 여섯 개가 적혀 있는 그 단순한 마분지 판에 대해서는 아직도 잊을 수가 없다.

휴가 때의 길고 긴 자동차 여행은 아이들에겐 너무 지루하다. 그럴 때 아빠가 주사위 하나로 할 수 있는 놀이를 안다면 얼마나 좋을까?

우리는 자동차를 타고 휴가를 떠났다. 어린 아이들은 운전하는 아빠에게 불만을 쏟아놓았다. 모든 음악 테이프는 벌써 x번이나 들었다. 군것질거리도 다 먹어치웠고 아이스박스는 미지근해졌다.

"게임 아는 거 없으세요?" 마리아가 물었다. 아내는 천사 같은 참을성을 지녔다. 아내는 이미 한 번 했던 게임들을 하나하나 돌이켜 보고 이것들을 한 번 더 하자고 말했지만 마리아는 전혀 귀담아듣지 않는다. "싫어요. 주사위 놀이 할래요."

주사위 놀이를 하자고? 그러면 차 안에서는 아래로 굴러떨어질 텐데. 상관은 없다. 뒷좌석 바닥은 그렇지 않아도 이미 발목까지 쓰레기로 덮여 있기 때문에. 내게 좋은 생각이 났다. "내가 아는 게임이 있는데, 주사위 하나밖에 필요 없거든."

아내가 주사위를 끄집어낸다. 갑자기 크리스토프도 흥미를 보인다. "주사위 저 주세요!" 그렇지만 아내는 단호하다. "이번에는 마리아 차례야." "이 주사위로 뭘 하는 거예요?" 마리아가 물었다.

나는 대답 대신 물었다. "주사위를 몇 번 던져야 6자가 나올까?"

아이는 아무 말도 하지 않고 그저 주사위를 던지기 시작했다. 1,

4, 4, 6. 주사위를 던지며 마리아는 수를 세다가 자랑스러운 표정으로 말했다. "4번밖에 안 던졌는데 6이 나왔어요."

크리스토프가 빈정거렸다. "만일 3이 필요했다면, 아직도 끝이 안 났을걸." 그래도 마리아는 꿈쩍하지 않았다. "좋아. 그러면 다시 한 번 해보지."

그때 내가 끼어들었다. "아니, 그러지 말고 모든 수가 다 한 번씩 나올 때까지 계속 던져봐."

"모든 수요?"

"그래, 1부터 6까지 모든 수가 나올 때까지."

"네. 1, 4, 4, 6이 나왔었죠." 그러면서 마리아는 다시 계속 주사위를 던졌다. "1, 2, 3, 6, 3, 4, 5." 아이는 놀라워했다. "모든 수가 다 나올 때까지 총 11번이나 던져야 히는데요."

크리스토프가 다시 빈정거렸다. "주사위 참 못 던지네! 줘봐. 내가 한번 해볼게." 나는 가만히 있었다. 왜냐하면 이제 어떤 일이 일어날지 미리 알고 있었기 때문이다.

크리스토프가 주사위를 던지기 시작했다. 5, 6, 5, 4, 4, 2, 3, 5, 5, 4, 3, 6, 3, 1. 아이는 놀라지 않을 수 없었다. "14번!" 마리아는 으쓱해졌다. "거봐. 너라고 더 잘하지도 않잖아!"

나는 이것도 미리 알고 있었다. 내가 예언을 할 줄 알거나 똑똑해서 그런 것이 아니라, 여기에 숨겨진 수학적 사실에 대해 잘 알고 있기 때문이다.

나는 이것을 아이들에게 설명해주었다. "주사위를 던지면 여섯 가지 가능성이 있지. 그렇다고 여섯 번만에 모든 가능성들이 다 나타나는 것은 아니지." "조금 더 걸린다는 말씀이죠?" 마리아가 끼어들었다. "그래. 그렇지만 몇 번 '더하기' 정도가 아니라 몇 번 '곱하기' 만큼 더 걸리게 되지." 그리고 나는 아내에게 말했다. "심지어 큰 수를 곱해야 하지. 거의 2.5를 곱해야 하니까. 평균적으로는 14번 이상이 필요하단다!"

"그렇지만 늘 그런 건 아니에요!" 너무 똑똑한 크리스토프가 외쳤다. "내가 6번만 던져도 모든 수가 다 나올 수도 있는 걸요."

"그래. 물론 그런 일도 가능하지. 다만 드물게 일어난다. 모든 수를 다 나오게 할 때까지는 더 오래 걸리는 게 보통이야. 그러니까 너희들이 그렇게 오래 걸린 게 놀랄 일은 아니지. 너희들이 주사위를 형편없이 던지기 때문에 그런 것도 아니야. 그게 보통의 경우니까."

나는 다시 하나의 예를 들었다. "만일 비가 내리기 시작한다면……." "지금 그러면 좋겠어요!" 가족들은 이구동성으로 외쳤다.

"만일 비가 내리기 시작한다면……." 나는 이야기를 계속했다. "땅이 그 즉시 완전히 젖는 것은 아니야. 상당한 시간이 필요하지. 주사위도 마찬가지야. 우리는 바닥에 아주 많은 사각형을 그릴 수 있지. 그러면 빗방울은 처음에 사각형 몇 군데에 떨어질 테고, 어떤 사각형에는 두 개 이상의 빗방울이 떨어질 거야. 그러나 모든 사각형들이 다 젖게 되려면 상당히 많은 빗방울이 떨어져야 하지."

무한의 시작 51강

수학자들은 작은 무늬들에서 이미 무한의 시작을 인식한다. 목욕탕의 타일에서나, 앤디 워홀의 그림 〈백 개의 캠벨 수프 캔One Hundred Campbell's Soup Cans〉에서나.

"멋져. 이렇게 무한하게 넓다니." 아내가 탄성을 질렀다. 우리는 어느 겨울 오후에 산책을 나가 눈앞에 펼쳐져 있는 눈 덮인 벌판을 바라보고 있었다.

이런 말을 들으면 나는 늘 갈등에 빠지게 된다. 그 배후에 숨어 있는 수학적인 사실을 말해야 할까, 아니면 그녀의 좋은 기분을 망치지 말고 얌전히 있을까?

물론 나는 늘 잘못된 선택을 한다. "저건 무한한 게 아니라 단지 큰 거야. 이 눈밭이 모든 한계들을 넘어서 펼쳐져 있다고 상상할 수도 있겠지만, 실은 그렇지 않아. 언젠가 끝나게 되거든."

"그래도 멋지잖아." 그러면 나는 아무런 할 말도 없다. 그녀는 계속 말했다. "때때로 그런 생각이 들어. 바다를 볼 때도 무한을 느낀다니까. 그럴 때는 특히 강렬하게 느끼지. 수학자들이 이런 걸 보고도 아무 느낌도 못 받는다면 그건 당신들 잘못이야!"

그러면 이제 수학자들의 명예를 수호해야만 한다. "우리도 느낌을 받지. 아니 오히려 반대로 우리는 아주 작은 사물이나 현상에서도 무한이 시작되는 걸 봐. 무한의 시작들을 보기 위해 우리에게는 낭만적인 자연현상도 필요 없어."

"'무한의 시작들'이라는 게 대체 무슨 말이야?"

"말 그대로지. 이 세상에는 진정한 무한이란 게 없으니까." 그녀는 이맛살을 찌푸렸지만, 그래도 내 말을 끊지는 않았다. "모든 것은 제한되어 있고, 어디에선가 끝나. 눈밭은 도로에 의해 중단되고, 바다는 해안으로 둘러싸여 있어. 우리가 그걸 볼 수 없을지라도 알고는 있지."

그녀는 아직도 회의적이었지만, 나는 그래도 계속 이야기할 수 있었다. "우리가 지금 걷고 있는 이 도로에 깔린 포석들을 예로 들어 봐. 이 돌들은 규칙적으로 배열되어 있어. 그건 어느 정도 확장되다가 끊어질 거야. 그래도 우리는 그것이 어떻게 계속될지를 상상할 수 있어. 우리는 포석들을 셀 수 있지. 1, 2, 3 등등. 이게 바로 무한의 시작이야!"

아직 나는 그녀를 설득할 수 없었기에 계속 말했다. "우리 집 목욕탕 타일들도 규칙적으로 배열되어 있지. 왼쪽과 오른쪽으로, 그리고 위 아래로. 우리는 그게 어떻게 계속될지를 알고 있어. 타일 까는 사람들이 목욕탕 하나를 꾸밀 때마다 별도로 설계도를 그릴 필요는 없지. 타일에 있어서도 우리는 수를 세어나갈 수 있어. 두 방향으로."

여전히 유보적인 태도로 아내가 말했다. "당신이 그렇게 생각한다면, 그런 무한의 시작들은 많이 있겠네."

"그렇다니까. 예를 들어 내 목도리의 다이아몬드 무늬나 체스판, 횡단보도들도 그렇지."

나는 더 흥을 내어 이야기했다. "현대 미술에서도 무한의 시작들을 발견할 수 있어. 예를 들어 앤디 워홀이 그렇잖아. 그 사람 그림들을 떠올려봐. 100명이나 되는 마릴린 먼로라든가, 아니면 100통의 캠벨 토마토 수프 말이야. 그 그림들은 모든 방향으로 계속 펼쳐 나갈 수 있어. 수천 개, 아니면 백만 개, 아니면 무한하게 많은 개수를 상상할 수 있지. 그게 어떻게 계속될지 알고 있으니까!"

집으로 돌아오는 길에도 나는 설명을 그만두지 않았다. "어디에서나 우리는 작은 사물에서 무늬를 인식하고 그것이 어떻게 계속될지를 알게 되지. 우리에게 필요한 것은 다만 아주 작은 부분뿐이야. 그것을 익숙하게 알고 있으면 이를 통해서 무한을 파악하는 거야."

이제 아내는 제대로 듣지도 않는다. 집으로 돌아왔을 때 그녀는 곧바로 책장 앞으로 달려가서 책 한 권을 꺼내들고 잠시 뒤적이다가 원하는 곳을 찾아냈다. 그리고 그녀 얼굴이 환하게 빛났다. 이 이야기의 마지막을 자신이 장식할 수 있게 되었기 때문이다. "내 말 들어봐. 알프레트 폴가르Alfred Polgar라는 작가가 1922년에 뭐라고 썼는지 보자고. 이게 바로 우리가 이야기한 거거든!" 그녀는 소리를 내서 읽었다. "연못은 작다. 그러나 우리가 말의 차안대처럼 손바닥으로 눈 주위를 둘러싸면 시야가 좁혀져 그 연못가가 모두 잘라내어지고, 그러면 우리는 그 연못이 무한하게 크다고 꿈꿀 수 있게 된다."

그리고 그녀는 승리에 도취되어 끝을 맺었다. "그리고 폴가르는 이렇게 덧붙이지. '그리고 중요한 것은 다만 꿈꾸는 것뿐이다.'"

마법의 사각형 — 마방진

많은 마술들은 실은 수학일 뿐이다. 그리고 종종 그 수학은 이해하기만 하면 지극히 간단하다.

최근에 화나는 일이 하나 있었다. 수학을 이용하는 어느 마술가가 등장하는 매직쇼에 초대받았는데, 거기에서 뭔가 배울 게 있으리라고 생각했지만 매우 실망스러웠다. 그 '마술사'는 별것도 아닌 걸 거창한 마술로 포장해 관객들을 농락하고 있었다.

쇼의 '클라이맥스' 중 하나는 마술사가 자발적으로 나선 관객 한 명에게 숫자를 말하게 하는 것이었다. "40과 100사이의 숫자를 말해보세요." 그러고는 가로 네 줄, 세로 네 줄로 이루어진 마방진을 그렸다. 그 관객이 말한 숫자가 가로줄 수의 합이면서 동시에 세로줄 수의 합도 되는 것이다.

나는 조금 불쾌해졌다. '나도 저건 할 수 있다!' 라는 생각이 머릿속을 가득 채웠다. 잠깐 방법을 생각해보고 나자 나는 확신이 들었다. 이제 나는 알고 있다. 여러분도 할 수 있다. 누구나 할 수 있는 일이다! 여기에는 다양한 방법들이 있다. 그중 한 가지는 다음 표 1과 같은 도식을 외우는 것이다.

표 1에서 a와 b는 어떠한 수라도 좋다. 여러분이 어떤 숫자를 집어넣든 언제나 마법의 사각형이 나오는 것이다! 예를 들어 여러분이 a=3, b=10을 골랐다고 하자. 그러면 표 2와 같은 사각형이 나온다.

a+b	a	12a	7a
11a	8a	b	2a
5a	10a	3a	3a+b
4a	2a+b	6a	9a

〈표 1〉

13	3	36	21
33	24	10	6
15	30	9	19
12	16	18	27

〈표 2〉

이건 단순한 사각형이 아니라 바로 마법의 사각형이다. 여기서 특이한 점은 바로 가로줄의 합이나 세로줄의 합이 언제나 같은 수가 된다는 것이다. 첫째 줄의 수들을 더하면 13+3+36+21=73. 세 번째 항의 수들을 더해도 36+10+9+18=73이 나온다. 심지어 대각선으로 더해도 13+24+9+27=73, 21+10+30+12=73인 것이다.

어렵다고? 사실 그렇다. 하지만 그렇게 어마어마하게 복잡한 것은 아니다. 라자냐 요리를 집에서 해도 이보다는 체계적일 것이며, 열두 살 소녀가 왈츠를 출 때에도 이보다 더 기억할 것이 많다.

이 일반적인 공식을 다시 한 번 보도록 하자. 가로줄이나 세로줄의 합을 계산하면, 언제나 '마법의 수' 21a+b가 나온다. 대각선으로 더해도 마찬가지다. 심지어 오른쪽 위 구석의 네 칸들 안에서도, 왼쪽 위의 구석에서도 그렇다. 오른쪽이나 왼쪽 아래 구석에서도 마찬가지다. 또한 네 개의 구석 칸들을 합하거나 가운데의 네 칸들을 합해도 마찬가지로 마법의 수 21a+b를 산출한다. 그렇게 계속된다. 그러니까 마법의 수는 언제나 동일하게 21a+b이다.

만일 당신이 이를 이해했다면 직접 실험해볼 수 있겠다. 자발적으로 나서는 한 사람에게 수를 하나 불러보라 하고, 여기에다가 조건을 붙인다. "그러니까, 40에서 100사이의 수를 말해보세요."

가령 그가 88이라는 수를 말했다고 치자. 그러면 당신은 a와 b를 간단하게 정할 수 있다. 88에서 21을 한 번, 두 번, 세 번, 네 번 빼자. 당신이 21을 뺀 그 횟수가 바로 a이고, 나머지가 b가 된다.

만일 당신이 a=3이라고 결정했다면, 이제 b=88-3·21=25이다. 이제 당신은 제대로 된 마법의 사각형 표 3을 만들어낼 수 있다. 아무리 머리를 빠르게 굴려서 계산을 하더라도 당신은 마법을 부리듯 태연히 연기를 해야 한다.

28	3	36	21
33	24	25	6
15	30	9	34
12	31	18	27

〈표 3〉

그러니까 앞으로 이런 것을 보게 된다면, 당신은 놀랄 필요가 없다! 대신 이렇게 말하라. "간단한 거 아니에요? 수학이니까요! 저도 할 수 있어요!"

물론 여러분도 늘 알고 있었을 것이다. 반쯤 찬 잔의 내용물을 빙빙 돌리면, 완벽한 수학적 포물면이 탄생한다. 건배!

나는 일년에 두 번씩 이탈리아로 가서 친구 프랑코를 만난다. 그와 함께 진행하는 학문적인 프로젝트 때문이기도 하지만, 우리는 그저 같이 어울리는 걸 좋아한다. 프랑코는 믿을 수 없을 만치 많은 이야기를 알고 있는 데다, 그 이야기들을 재미있게 풀어놓는 재주가 있다. 그래서 나는 대체 그것들이 진짜인지, 아니면 프랑코가 그 이야기들을 좀더 흥미롭게 하기 위해 각색한 것인지 분간하지 못할 때도 있다.

하루에도 여러 차례 우리는 이탈리아 사람들의 아지트에 들렀다. 그곳은 바로 바bar. 프랑코가 "Beviamo un caffe(커피 마시자)!"라고 말하면, 그의 목소리에는 반드시 그래야만 한다는 필연성과 내가 한 번도 저항할 수 없었던 그 피할 수 없는 욕구에 대한 묘사가 어떤 요청과 더불어 세련되게 섞여 있다. 아주 드물게, 기분이 무척 좋을 때에만 그 친구는 알코올이 들어간 음료를 주문한다. 독일 예거마이스터의 이탈리아판이라고 할 수 있는 라마조티!

어느날 저녁 프랑코는 최고의 기분으로 거기 앉아 있었다. 그는 끝없이 이야기할 준비가 되어 있었고, 특유의 긴 잔에 든 라마조티를 손에 들고 있었다. 그는 그것을 마시지는 않고 그 짙은 액체를 교묘하게 움직여 회전시키고 있었다. 내 친구는 갑자기 "Una forma matematica(수학적 형상이군)."라고 말하며 잔을 들여다보았다. 그의 말을 전부 이해하지는 못했기 때문에, 나는 처음에는 아무 말도 할 수 없었다.

그는 다시 반복했다. "수학적 형상이야. 망원경에 이것을 이용하지." 나는 그때까지도 이해하지 못했다. 그러나 그는 분명히 내게 설명을 해줄 것이었다.

"자, 한번 보라구!" 그는 다섯 손가락을 다 써서 잔 윗부분을 잡고는 가볍고도 지속적으로 그것을 움직였다. 내용물이 회전하면서 아름다운 모양을 만들었다. 잔의 벽으로는 갈색 액체가 높이 솟아올랐고 액체의 중앙은 아래로 잠겨들었다. 프랑코는 내가 칭찬하기를 기다렸다가 말했다. "이건 포물면이지. 그리고 망원경에 이걸 사용하잖아."

나는 두 가지를 질문했다. "여기서 포물면이라는 게 무슨 의미야?" "만일 수직의 단면을 생각한다면 그때 라마조티가 만들어내는 그 곡선이 포물선이지. 그리고 그에 상응하는 공간적인 형체가 포물선체고."

나는 두 번째 질문을 던졌다. "그게 망원경하고 무슨 관계가 있어?" "이건 반드시 알아야 돼." 그는 흥분했지만, 내게 설명해줄 수 있다는 사실에 무척 즐거워했다. "포물선은 초점을 하나 가지고 있지. 포물면도 마찬가지야. 즉, 수직으로 떨어지는 빛이 하나의 초점에서 모인다는 뜻이지." 그는 잔을 등 아래로 가져가 초점을 보여주고자 시도했다. "천문학에서는 거대한 포물면 거울을 이용해서 우주 공간의 심연으로부터 오는 약간의 빛을 초점에 모으려고 하지."

나는 스스로 이해했다고 생각했다. "그러니까 라마조티 모양의 거대한 거울을 깎아낸다는 말이네?"

"자네는 핵심을 이해 못했군! 포물면 거울은 액체로 만든다고. 그것도 수은으로. 수은은 상온에서 액체로 존재하는 유일한 금속이니까. 은빛 액체 수은이 들어 있는, 직경이 수 미터에 이르는 거대한 물건을 회전시키는 거지. 아주 균질한 회전이 필요해. 그러면 그 표면에 포물면이 생겨. 마치 라마조티처럼. 완벽하게 수학적인 포물면이지. 이건 결코 인간이나 기계가 깎아낼 수 없는 거야. 오직 수학만이 만들 수 있는 포물면이지!"

프랑코는 만족했다. 자신의 이야기에 대해서, 그리고 자기 자신에 대해서. 무엇보다도 그가 우리에게 놀라운 응용수학의 일면을 보여주었다는 데 대해서. 그는 마침내 자신의 라마조티를 들고 다시 한번 돌린 다음, 향기를 맡았다. 그리고는 처음으로 한 모금을 마셨다.

프로이트는 잘못 보았는가, 아니다! 54강

지그문트 프로이트는 인간 영혼의 심연만을 연구한 것이 아니다. 그는 숫자들의 비밀스러운 연관에 대해서도 연구했다.

약 100년 전 베를린의 저명한 의사 빌헬름 플리스 Wilhelm Fließ 박사는 바이오리듬을 발견했다. 수많은 환자들의 병력에 근거하여 그는 보편적으로 타당한 모델을 발견했다고 믿었다.

- 주기가 23일인 '신체 곡선'이 몸의 상태, 활력, 면역 상태 등을 알려준다.
- 주기가 28일인 '정서 곡선'이 기분, 느낌, 창의성 등을 보여준다.
- 여기에 나중에 주기가 33일인 '정신 곡선'이 덧붙여진다.

바이오리듬 이론에 따르면 한 사람의 삶은 이 곡선들을 통해 기술될 수 있다. 플리스 박사는 자신의 연구 결과를 1906년 《삶의 경과 Der Ablauf des Lebens》라는 제목으로 출판했고, 바이오리듬 이론은 승승장구했다.

정신분석학의 아버지 지그문트 프로이트도 이에 대해 전해들었다. 프로이트는 특히 '기본 숫자'인 23과 28에 매혹되었다. 그 이유는 이 수들을 가지고 중요한 수를 모두 표현할 수 있다고 생각했기 때문이다. 그는 수많은 유명인들이 51세에 죽었다는 사실을 관찰했는데, 실제로 51=23+28이다. 더 나아가 프로이트는 달의 13번째 날에 행운이 온다고 믿었다. 13=3×23−2×28이기 때문이다.

프로이트가 이러한 사실을 플리스의 주기 이론에 대한 증거로 생각했는지는 알 수 없는 일이다. 그러나 분명 프로이트는 23과 28로 모든 수를 표현할 수 있다는 사실은 몰랐을 것이다.

실제로 예를 들어 125=3×23+2×28이고, 31=5×23−3×28이며 1=11×23−9×28이다. 맨 뒤의 등식은 특히 중요하다. 왜냐하면 이로부터 우리가 모든 수를 23과 28을 이용해 표현할 수 있다는 사실이 드러나기 때문이다. 예를 들어 1,000은 어떤가? 이보다 더 쉬운 것은 없다. 앞의 인수들에 1,000을 곱하면 다음 식을 얻을 수 있다.

$$11000 \times 23 - 9000 \times 28 = 1000 \times (11 \times 23 - 9 \times 28) = 1000 \times 1 = 1000$$

만일 23과 28을 단지 더하기만 하고 뺄셈을 안 한다면 어려운 문제가 생겨난다. 하지만 수학자들에겐 그것이 더 흥미롭다. 그런 규칙을 적용하면 우리는 모든 수를 얻을 수 없기 때문이다. 23보다 작은 수에서는 물론 전혀 되지 않는다. 여러분은 23과 28을 계속해서 더해가면서 시험해볼 수 있을 것이다. 다음 숫자들이 표현될 수 있다. 23, 28, 51, 74(=2×23+28), 79(=23+2×28), 102(=2×23+2×28) 등등이다. 사실 몇 개 되지 않는다고 말할 수도 있다. 그러나 점점 더 많아진다. 23과 28의 합으로 표현할 수 없는 최후의 숫자는 593이다. 594부터는 언제나 가능한 것이다!

프로이트가 몰랐던 또 다른 사실은 23과 28이라는 숫자는 전혀 특별하지 않다는 것이다. 이런 현상은 다른 숫자 쌍에서도 나타난다. 예를 들어 23과 29, 15와 26, 3과 8, 17과 33 등등이 그러하다. 우리는 단지 두 수의 최대공약수가 무엇인지만을 검토하면 된다. 만일 두 수 a와 b의 최대공약수가 1이라면 어떠한 숫자도 a와 b로 표현해 낼 수 있다. 만일 최대공약수가 1보다 크다면 불가능해진다.

숫자들을 더하는 것만이 허용되고 빼지는 못한다고 하자. 여기 정확한 공식이 있다. 두 수 a와 b가 최대공약수 1을 가진다면 $(a-1)(b-1)$부터는 모든 숫자를 표현할 수 있다. 그러나 그보다 1 작은 수, 그러니까 $(a-1)(b-1)-1$은 불가능하다.

예를 하나 들어보자. 3과 5를 가지고는 $2 \times 4 = 8$부터 모든 수를 표현할 수 있다. 실제로 8=3+5, 9=3+3+3. 10=5+5, 11=3+3+5 등등으로 진행된다. 그리고 5와 8에 있어서는 $4 \times 7 = 28$부터 가능하다. 한번 직접 해보기 바란다!

그리고 '유명한' 프로이트의 수 23과 28에 있어서는 $22 \times 27 = 594$부터 가능하다. 나는 그 숫자들이 바이오리듬과 직접 관련이 있다는 사실에 대해서 감히 의심하지 않을 수 없다!

독일에서는 E자가 텍스트를 지배한다. 그 글자는 전체 글자 중 20퍼센트나 차지한다. 큰 격차를 두고 그 다음에는 N이 많이 등장한다.

einigen können. Er hofft,
des Parteivorstands am kommenden Montag zur
t zurückkehrt".
erhändler der Koalitionsfraktionen waren am
rstag erneut ohne Ergebnis auseinandergegang
hatte anschließend von unakzeptablen Forder
SU berichtet, etwa der nach einem einen Fre
zwei Millionen Euro für Ehepartner. Er drän
Abschluss der seit fast zwei Jahren d
haften stärker bes
SPIEGEL-

"난 특별한 글자들이 좋아요. 나머지 글자들은 지루해요." 마리아는 그렇게 강경하면서도 정확하게, 강조하면서 말하는 스타일이다. 그런 말을 할 때 아이의 어조는 어떠한 반대도, 심지어 보통은 거기에 대한 질문조차 허락하지 않는다. 그 아이가 화를 벌컥 내는 위험을 감수하지 않으려면 그렇다는 것이다.

고백하건대, 나는 그 아이가 무슨 말을 하려는지 전혀 감을 잡지 못했다. 다른 사람들도 비슷했다. 그러나 점심식사를 하던 우리 가족은 모두 조용히 침묵을 지켰고, 마치 아무 일도 아니라는 듯이 행동했다. 그리고 나는 다시 한 번 스파게티를 내 접시에 덜어오면서 조용히 중얼거렸다. 마리아가 원치 않으면 그 말을 들을 필요가 없다는 듯이 아주 조용하게. "특별한 글자들이라고?"

"P 같은 글자요." 아이는 대답을 해주었다.

"그러니까 너는 무성음들을 좋아하는 거야?" 나는 감히 질문을 던졌다. "P나 T나 K 같은 글자들을?" "아빠!" 아이는 흥분해서 소리쳤다. 모두 고개를 푹 수그렸다. "잘 모르시면 차라리 묻지 마세요." 그건 분명히 논리적이지 않은 말이었다. 크리스토프가 생각하기에도 그랬나보다. "묻지 않으면 어떻게 알아?"

마리아는 깊이 숨을 들이마셨다. 아이가 자기를 억제하기 위해 노력하고 있다는 게 느껴졌다. 이제 나는 입을 다물어야 한다. 심지어 아이를 바라보는 것도 안 되는 시점이다. "마치 바닷가 모래처럼 흔한 글자는 바보 같아요. 반대로 X나 Y나 Q 같은 글자는 너무 드물죠. 그렇지만 P나 V나 J나 K 같은 글자들은 특별해요. 어떤 사람들은 그 글자들이 특별한 게 없다고 생각하기도 하지만, 실은 그 글자들도 굉장히 드물거든요." 이제야 그 아이가 무슨 말을 하려는지 알 것 같았다. "오늘 학교에서 책 한 페이지를 정해 이 글자들이 나올 때 동그라미를 그렸어요. P는 파란색, V는 빨간색, J는 노란색, K는 녹색으로요. 그런데 종이 전체에 동그라미가 거의 쳐지지 않았어요. 신기한 일이죠?"

정말 좋은 설명이었다. 나는 말했다. "그린 글자들을 찾아내는 일은 마치 네잎 클로버를 찾는 것과 같지." 두 아이가 동시에 나를 바라보았고, 나는 그 시선이 무얼 의미하는지 알았다. '아빠는 치유 불가능한 낭만주의자야!' 라고 말하는 아이들의 시선!

크리스토프는 아직도 이해하지 못했는지, 마리아에게 물었다. "그럼 지루한 글자들은 뭐야?" "음. 계속 나오는 글자들이야. 특히 E하고 N." 점심식사는 끝나버렸다. 왜냐하면 아이들이 신문을 들고와 E하고 N에 동그라미를 치기 시작했기 때문이다. 그러는 동안 나는 아내에게 으쓱댈 수 있었다. "E자가 나오는 빈도는 거의 20퍼센트나 되고 N자도 10퍼센트나 돼. 이 글자들이 거의 전체 글자의 3분의 1을 차지한다는 거지." 나는 아이들을 계속 바라보면서 말했다.

시간이 조금 흐르자 아이들은 일을 마쳤다. "야. 믿을 수 없네. 신문 한 장 전체가 동그라미로 꽉 찼어!" 아내가 말했다. 나는 두 아이에게 지극을 주려고 물었다. "E 없이도 말이 될까?" "네?" "예를 들어 E자가 없는 단어를 생각해보자." 두 아이가 외쳤다. "우리 이름이요. 크리스토프Christoph와 마리아Maria."

"그럼 한 문장은 어때?" 마리아가 쏜살같이 말했다. "마리아가 파인애플을 먹었다Maria aß Ananas." 그러자 크리스토프도 계속했다. "아마존 강가에서am Amazonas."

"잠깐, 기다려봐." 마리아는 열광했다. "마리아는 종종 아마존 강가에서 우유와 꿀과 함께 파인애플을 먹었고 주스도 마셨다Maria aß oft Ananas mit Milch und Honig am Amazonas und trank dazu Saft!"

아이들은 스스로를 무척 자랑스러워했다. 아내도 자랑스러워하고 싶었나보다. 슬그머니 일어났던 아내가 다시 우리에게 돌아왔다. "우리한테는 E가 하나도 없는 책도 있는데."

"책 전체가요?" 아이들은 깜짝 놀랐다. "아주 이상한 책이야." 아내가 설명했다. "그 이야기를 거의 이해할 수 없거든."

"제목부터 이상하네요." 크리스토프가 제목을 읽었다. "《안톤 보일의 출발Anton Voyls Fortgang》(1969년 출간된 프랑스의 조르주 페레크Georges Perec의 《사라짐La Disparition》의 독일어 번역본을 말함. 300페이지에 달하는 이 소설의 프랑스어 원작과 독일어, 영어 등의 번역본에도 모두 E자가 없다.—옮긴이)" 자주 그렇듯이 마리아가 최후로 말을 했다. "어쨌든 특별한 단어들만으로 이루어진 책이네요!"

4,125를 11로 나눠보자. 그러면 나누어 떨어진다. 계산기에 나타나는 모든 'U 숫자'는 11로 나누어 떨어질 수 있는 것이다.

"아빠, 제가 한 가지 찾아낸 게 있어요." 이렇게 외치며 크리스토프가 손에 계산기를 든 채 다가왔다. 나는 아이를 떨쳐내려고 애를 썼다. 크리스토프는 'ERROR'로 끝나게 될 어떤 계산을 보여주려는 것임에 분명했다. 그건 아이의 특기였다. 아이는 나의 의심을 눈치챘는지 조급하게 말했다. "아니에요. 아빠가 생각하시는 그런 게 아니에요!"

"그럼 뭔데?" 내가 물었다.

"보세요. 제가 이 숫자들을 쳐 넣고 11로 나누면 나누어 떨어져요."

크리스토프는 수수께끼처럼 말했다. 나는 전혀 이해할 수 없었다.

"어떤 숫자들인데?" "이거 보셨어요?" "아니." "그러니까 그저 U를 집어넣으면 돼요." "U라고?"

"예. 그러니까 위의 숫자를 치고 그 하나 아래의 수를 치세요. 그 다음에 그 수 오른쪽의 수를 치고 마지막으로 그 위의 수를 치세요. 그러니까 U자 형태로 치는 거예요. 그 다음에 11로 나눠보세요."

그제야 나는 이해했다. "예를 들어 4,125 같은 수를 말하는 거지?" 나는 그 수를 계산기에 쳤다. "이제 11로 나눠보자. 375가 나오네."

"제가 그랬잖아요. 모든 U는 11로 나누어 떨어져요." 아이는 아주 자신 있게 말했다. 그렇지만 그 다음에 아이는 물었다. "그런데 대체 왜 그런 거예요? 아빠는 알고 계시겠죠!"

이것이 바로 내가 좋아하는 유형의 질문이다. 나는 시간을 좀 벌기 위해 질문을 하나 던졌다. "너 그거 알아? 어떤 수가 11로 나누어 떨어지는지 어떻게 알 수 있게?" "그럼요. 제가 그 수들을 계산기에 쳐서 넣으면⋯⋯." "아니." 내가 중간에 말을 끊었다. "그러니까 계산을 하지 않아도 그걸 알아내는 기술이 있다니까." "어떻게요?"

"어떤 수의 각 숫자 앞에 돌아가면서 더하기와 빼기를 넣고 계산해보는 거야." 나는 아들이 궁금해하는 표정을 보면서 그 아이에게 예가 필요하다는 것을 알았다. "5,374를 예로 들어볼까? 우선 5자 앞에 더하기로 시작하고 그 다음에는 빼기가 오고 그 다음에는 더하기가 오고 그 다음에는 빼기가 온다고 해보지. 그러니까 5−3+7−4를 계산하면 5가 나오지. 만일 거기서 나오는 수가 22, 33, 88 등 11의 배수라면⋯⋯?" 나는 흥미진진하게 만들기 위해 말을 잠깐 끊었고, 크리스토프가 그 문장을 이었다. "그러면 그 원래 수가 11로 나누어 떨어지는 거예요?"

"바로 그거야." 나는 그렇게 말하면서 아이에게 좀더 생각할 거리를 주었다. "거기에는 한 가지 중요한 경우가 있어. 때때로 0이 나오게 되거든. 그러면 어떻게 하지?" 크리스토프는 자신 없게 나를 바라보았다. 그래서 나는 아이를 도와주어야 했다. "0은 11로 나누어지니? 예를 들어서 사탕 0개를 아이들 11명에게 나눠준다고 생각해봐."

"아, 알았어요. 나누어 떨어져요. 왜냐하면 모든 아이들이 똑같은 수만큼 받게 되니까요. 비록 화는 나겠지만요. 그러면 0이 나오는 그 수도 11로 나눠지겠네요." "U 숫자로 한번 시험해봐."라고 나는 말했다.

"4-1+2-5는 0이에요!" 크리스토프는 잠깐 조용해졌다. "그러니까 아빠 말씀은 U 숫자들에서는 언제나 0이 나온다는 거네요."

"그렇지." 이제 나는 설명하기 시작했다. "계산기에서 U자 모양으로 숫자 네 개를 뽑아내잖아. 이건 달리 말하면 정사각형의 꼭짓점을 이루는 수라고도 말할 수 있어. 그때 서로 마주보는 숫자들, 그러니까 왼쪽 위와 오른쪽 아래의 수들을 합하면 왼쪽 아래와 오른쪽 위의 수를 합한 것과 정확히 같지."

크리스토프가 생각 끝에 말했다. "그러니까 더하기와 빼기를 쓰는 계산 트릭에서 언제나 0이 나오는 거네요." "그건 별로 어렵지 않아. U자의 왼쪽 아래의 수를 떠올려봐. 그걸 a라고 부르자. 그 오른쪽 수는 그러면 a+1이 되지. 그러면 a 위의 수는 a보다 얼마나 크지?" 크리스토프는 계산기를 보고 말했다. "3이 커요."

"자. 왼쪽 아래에서 시작해보자. 위로는 3이 커지고 그 오른쪽으로는 다 1이 커지지. 그러면 왼쪽 아래의 수와 오른쪽 위의 수를 합해서 a+a+4가 돼. 그리고 왼쪽 위의 수는 a+3이고 오른쪽 아래는 a+1이 되어서, 합치면 마찬가지로 a+a+4가 되는 거야."

크리스토프는 열광했다. "그래서 그 계산 트릭에서는 언제나 0이 나오는 것이고, U 숫자는 언제나 11로 나누어 떨어지는군요."

93 곱하기 89가 얼마인지 계산하기 위해 꼭 통상적인 계산 방법을 쓰거나 계산기를 집어들 필요는 없다. 세련된 기술이 있기에.

"오늘 끝내주는 수학 트릭을 배웠어요!" 이렇게 말하며 크리스토프는 문을 박차고 들어와 가방을 구석에 집어던지고 주방 테이블에 걸터앉았다. 나도 그 옆에 앉으면서 말했다. "내가 그랬지. 수학 선생님이 그렇게 실력이 없으실 리가 없다고."

"수학 선생님이라뇨! 라틴어 선생님이 가르쳐줬는데요."

"라틴어 선생님이 수학을 아신다고?"

"그건 모르죠. 그래도 이거 한번 보세요." 크리스토프는 가방을 뒤져 공책을 한 권 꺼내 펼친 다음 읽었다. "93 곱하기 89는?"

"라틴어 선생님이 그게 재미있다고 그러셨다는 거야?" 나는 다소 당황해서 물었다. "선생님은 어쩌면 재미있다고 생각 안 하실지도 몰라요. 그래도 어쨌든 계산을 할 줄 아신다니까요.""나도 할 줄 아는데." 나는 계산기를 집어들었다.

"에이. 그건 지루해요." 크리스토프가 입을 삐쭉 내밀었다. "마우러 선생님은 이렇게 하셨단 말에요. 93 더하기 7은 100. 89에서 7을 빼면 82." 아이는 이렇게 말하면서 그 수를 적었다.

"이제 두 번째 수를 만들어요. 89 더하기 11은 100. 11에 7을 곱하면 77이 나와요." 크리스토프는 82 뒤에 77을 적었다. "그래서?" 나는 아무것도 이해하지 못해 물었다. "그래서?" 아이는 나를 흉내내면서 말했다. "끝난 거예요. 93 곱하기 89는 8,277이에요. 믿지 못하시겠다면 직접 해보세요."

나는 정말 할 말을 잃었다. 나는 그 트릭을 한 단계 한 단계 분명하게 해보아야 했다. "그러니까 너는 첫 번째 수에 어떤 수 x를 더해서 100이 나오도록 했고, 두 번째 수로부터 바로 그 어떤 수 x를 뺀 다음에 그 결과를 적었지. 그 다음에 너는 두 번째 수에 어떤 수 y를 더해서 100을 만들었고, 그렇게 더하는 어떤 수 두 개, 즉 x와 y를 서로 곱했고 그 결과를 뒤에 적었지. 그렇게 계산이 된다는 거야?" 나는 믿을 수 없어서 물었다. "그럼요." 크리스토프는 신이 나서 말을 이었다. "예를 들어서 97 곱하기 87을 해볼께요. 97에 3을 더해야 100이 되죠. 그러면 87 빼기 3은 84에요. 이게 답의 앞부분이고요. 이제 87에다 13을 더해야 100이 되죠. 13 곱하기 3은 39예요. 그러니까 답은 8,439가 되는 거죠." 이제 이것을 풀어보려는 욕심이 생겼다. "마우러 선생님이 왜 그렇게 되는지도 설명해주셨니?"

"왜라니요? 이렇게 된다는 걸 아빠도 보시면 알잖아요."

"이 트릭이 임의의 모든 수에 적용될 수 있는 그런 공식을 찾는 거지."

"그러니까 a하고 b로도 된다는 걸 말씀 하시는 거죠?"

"바로 그거야. 두 수를 a와 b라고 해보자. 우선 이 수에다가 어떤 수를 더해서 100을 만들어야 해. 그럼 다른 글자들, 예를 들어서 x와 y를 가져와보자." 크리스토프는 잠시 생각을 한 다음 말했다. "네. a에 x를 더해서 100이 되는 거니까 a+x=100이죠. 마찬가지로 b에다가 y를 더해야 100이 되니까 b+y=100이죠."

"아주 잘했어." 나는 칭찬을 해주었다. "그러니까 우리는 a=100−x, b=100−y라고 쓸 수도 있지. 그러니까 a하고 b 대신에 (100−x)와 (100−y)를 가지고 계산해도 좋은 거야." 크리스토프는 이마를 찡그렸지만, 나는 서둘러 설명을 했다. "그 트릭은 더해서 100을 만들 수 있는 x와 y에 있는 거야." 그리고 그 아이가 계속 흥미를 가지도록 하기 위해 나는 이렇게 물었다. "앞쪽의 두 수는 어떻게 되지?"

"두 번째 수 b로부터 a에 더해서 100이 되는 수 x를 빼면 돼요. 그러면 b−x죠. 아빠가 b를 쓰지 말자고 하셨으니까 100−y−x라고 쓸 수도 있어요." 아이는 그 수를 쓴 다음에 계산을 계속했다. "두 번째 수는 x와 y를 곱한 값이에요." 아이는 그 수를 처음 수 뒤에다 썼다.

"흠. '앞에 쓴다'라는 말이 수학적으로 무슨 뜻인지 생각해봐야겠는걸." 크리스토프는 놀란 표정으로 나를 바라보았고, 나는 설명을 해주었다. "보통 어떤 수에서 어떤 숫자를, 예를 들어 5를 뒤에서 두 번째 자리에 놓는다면, 이것은 5가 아니라 50을 뜻하는 거지. 그러니까 10을 곱해줘야 한다는 거야. 그리고 만일 뒤에서 세 번째 자리에 놓는다면……." "그러면 100의 자리가 되니까 100을 곱해줘야겠네요." 크리스토프가 말을 끊었다. "그러니까 (100−y−x)에 100을 곱해야 한다는 거지. 그러면 그 값은 (100−y−x)×100이네. 거기다가 xy를 더해야 하니까, (100−y−x)×100+xy가 답이 되네. 그리고 이걸 계산해보면 정확히 a×b, 즉 (100−x)×(100−y)라는 결과가 나오는 거야."

"라틴어 선생님의 트릭, 끝내주네요." 크리스토프의 결론이었다.

미술관을 가장 안전하게 하기 위해서는 다음과 같은 방법이 도움이 된다. 전시실을 삼각형들로 나누어서 각 꼭짓점마다 색깔을 넣어 표시한다. 감시카메라는 파란 색의 (b)나, 빨간 색의 (r)이나, 또는 노란 색의 (g) 위치에 설치한다.

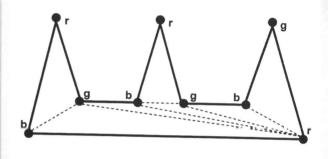

얼마 전 우리는 함께 미술관에 갔다. 정확히 말하자면 이렇다. 아내가 미술관에 가고 싶어해 내가 따라갔고, 크리스토프와 마리아는 억지로 따라간 것이다. 아이들은 금세 지루해하기 시작했다. 아이들은 그림을 보는 대신 경보장치들을 검사하고 전시실을 지키는 사람들을 관찰했다. 크리스토프가 메마른 말투로 말했다. "만일 그림을 훔치는 사람이 있더라도, 저기 지키는 사람들은 느지막히 올 거예요!" 마리아도 거기 동의했다. "그래. 저 사람들 한번 보라고. 도둑맞은 걸 알아차리지도 못할걸."

내가 끼어들었다. "그럼, 자기 시야에 들어오는 것이라면 뭐든지 알아차리는 경비원들이 있다고 한 번 가정해보자."

"로봇을 말씀하시는 거예요?" 크리스토프가 물었다. "아니면 감시 카메라요?" 마리아가 외쳤다.

"그래. 그럼 감시 로봇이 있다고 생각해보자. 그것도 모든 방향으로 볼 수 있는 로봇 말이야. 그러면 모든 부분을 전부 감시하기 위해서 몇 대의 로봇이 필요할까?"

아이들의 표정을 미루어보아 이렇게 생각하는 게 분명했다. 이것은 전형적으로 아빠들이 무언가를 노리고 하는 질문, 그러니까 아빠들 스스로 자신이 얼마나 똑똑한지 으스댈 수 있는 질문이라고.

그렇지만 크리스토프는 대답을 했다. "하나만 있으면 될 것 같은 데요. 그걸 가운데에 설치하면 모든 걸 다 볼 수 있잖아요." 마리아의 생각은 달랐다. "그걸 가운데가 아니라 가장자리에 세워놔도 되잖아. 그래도 전부 다 볼 수 있을 텐데. 아, 더 좋은 생각이 있어. 문에다 설치하면 전시실 두 개를 한꺼번에 감시할 수도 있겠다!"

"좋은 생각이야."라고 나는 칭찬했다. "그런데 이제 아주 이상한 미술관을 한 번 상상해봐. 그러니까 전시실들이 사각형이 아니라, 삼각형이나 오각형이라면? 게다가 귀퉁이는 예각이고. 어쨌든 상상할 수 있는 모든 기이한 것을 다 상상해보자고. 그러면 거기에는 감시자가 몇 명이나 필요할까?"

"많이 필요하죠." 크리스토프가 대답했다. 그렇지만 나는 그냥 넘어가지 않았다. "예를 들어 어느 건축가가 길고 좁은 복도를 만들고 그 복도의 한 쪽에는 삼각형으로 움푹 들어간 공간들을 만들어두었다고 생각해보자." 마리아는 종이를 한 장 꺼내서 면밀하게 설계도를 그렸다. 그 그림을 보면 더이상 대답하기 어렵지 않았다. "그러니까 움푹 들어간 공간마다 로봇이 필요하죠. 그리고 로봇들을 약간 복도 쪽으로 세우면 복도도 감시할 수 있어요."

"수학자들은 감시 로봇 수를 계산할 수 있는 기술을 발견했어. 그렇게 이상한 미술관이라고 해도 말이야." 나는 설명하기 시작했다. "한번 상상해봐. 미술관에 노끈을 설치하는데, 각 꼭짓점에서 꼭짓점을 이어서 어디에나 삼각형의 공간들이 만들어지도록 하자. 그렇지만," 나는 아이들에게 잠시 생각할 시간을 주었다. "당연히 미술관에서는 벽에 못을 박을 수가 없으니까, 각 꼭짓점에 기둥을 세우고 그 기둥들을 잇도록 노끈을 설치하는 거지." "어디에 트릭이 있는 거예요?" 크리스토프가 조급하게 물었다. "잘 생각해봐! 빨간 기둥, 파란 기둥, 노란 기둥이 있어."라고 나는 대답했다.

마리아는 그림을 그리려고 했지만 나는 일단 그러지 말라고 했다. "기둥들은 이렇게 설치하는 거야. 그러니까 우리가 노끈으로 둘러친 모든 삼각형들 각각에 있어서 꼭짓점 하나에는 빨간 기둥이, 두 번째 꼭짓점에는 파란 기둥이, 그리고 마지막 세 번째 꼭짓점에는 노란 기둥이 서 있도록 설치하는 거지." 이제 마리아에게 그림을 그려보라고 했다. "정말 되는데요!" 아이가 소리쳤다.

"그 나머지는 아주 간단해. 빨간 기둥마다 로봇을 설치하는 거야. 이 로봇들을 다 합치면 모든 곳을 다 감시할 수 있어." "그러면 우리가 파란 기둥에 로봇을 설치해도 되는 거예요?" 크리스토프가 물었다. "그렇지. 그리고 노란 기둥마다 설치해도 되는 거지." 마리아가 대답했다.

나는 이제 맨 처음으로 돌아갈 수 있게 되었다. "이제 우리는 최소한 몇 대의 로봇이 필요한지 말할 수 있겠지?"

"당연하죠." 마리아가 말했다. "기둥의 $\frac{1}{3}$은 빨간 색이죠. 그러니까 우리는 꼭짓점들의 $\frac{1}{3}$에만 로봇이 필요해요."

그때 내 아내가 토론을 끝내버렸다. "자, 이제 휴게실로 가자."

숫자 맞추기

서로 똑같은 숫자들로 이루어진 두 수를 가지고, 그 숫자들을 뒤죽박죽으로 만들어보자. 그렇게 만들어진 두 수 중 큰 수에서 작은 수를 빼자. 그 답 중에서 숫자 하나를 선택하자. 그리고 그 나머지를 모두 더한다. 그 다음에 거기에 어떤 수를 더해서, 그 다음 9의 배수가 되도록 한다. 그러면 그 답이 선택했던 수가 된다. 내기해볼까?

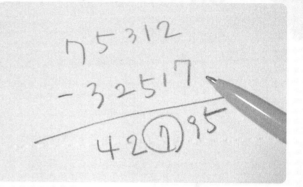

어느 일요일 오후였다. 그날은 그야말로 믿을 수 없는 날이었다. 우리 가족 모두, 그러니까 크리스토프, 마리아, 아내, 그리고 나는 함께 카드놀이를 했다. 그 유명한 '11은 나가Elfer raus(독일의 아동용 보드게임.—옮긴이)!'라는 게임을. 특별히 영리해야 하거나 전술적으로 세련된 게임은 아니다. 믿을 수 없는 일이지만, 그날 우리는 카드게임 때문에 옥신각신하지 않았다. 아무도 치사한 트릭을 쓰거나 갑자기 예외 규정을 끄집어내려 하지 않았고, 사소한 일에 과민반응을 보이지도 않았다. 나조차 게임에서 지는 일을 참을 수 있을 정도였다.

우리가 잠깐 쉬기로 했을 때 내가 말했다. "내가 숫자 트릭 하나 보여줄까?" 가족들은 이마를 찡그렸지만, 그래도 분위기가 평화로웠기에 내게 한 번 해보라고 했다. "다섯 자리 수를 하나 골라봐."

크리스토프는 종이와 연필을 가져왔지만, 마리아가 이렇게 말했다. "나는 카드로 해볼래요." 그 아이는 녹색 카드 더미에서 카드 다섯 장을 꺼내서 그 수를 보여주었다. 그것은 7, 5, 3, 1, 2였다.

내가 계속해서 말했다. "그 다음에는 똑같은 숫자들을 한 번 더 써. 그렇지만 이번에는 다른 순서로 써야 해."

"그러니까 이 카드들을 섞어야 한다는 거네요?" 마리아가 물었다.

"처음 수인 75312도 필요하니까 다른 카드를 써야 해." 아이는 이번에는 파란색 카드 더미에서 같은 숫자의 카드들을 꺼낸 다음에 32517의 차례로 놓았다. "이제는 그 중 큰 수에서 작은 수를 빼봐."

크리스토프가 종이에 숫자를 써서 뺄셈을 했다. 하지만 마리아는 카드로 하는 것이 재미있었는지 "제가 그 답은 빨간 카드로 놓아볼께요."라고 말하고는 잠시 생각을 한 다음 빨간 카드를 꺼냈다.

나는 일부러 다른 곳을 쳐다보다가 말했다. "이제 빨간 카드 중 하나를 돌려서 내가 못 보게 해봐. 그리고 나머지 카드들의 수를 불러줘.""4, 2, 9, 5." 아이가 말하자 나는 즉각 대답했다. "돌려놓은 카드는 7이네."

크리스토프가 이의를 제기했다. "그 정도는 저도 할 수 있어요! 그러니까 아빠는 이미 녹색 카드와 파란색 카드를 보셨잖아요. 그러니까 쉽게 계산할 수 있죠." 그 아이가 나의 암산 능력을 인정해주니 기분이 좋기는 했다.

이제 아이는 내게 어려운 문제를 냈다. "이번에는 제 숫자들로 계산했을 때 나온 답을 말씀드릴께요." 아이는 조용히 종이 위에 계산을 하고는 말했다. "1, 2, 3, 4." 그 답은 아이의 마음에 드는 듯했다.

나는 웃으며 말했다. "다섯 번째 수는 8이지." 아이는 놀라지 않을 수 없었다. 내 말이 맞았기 때문이다!

물론 나는 아이들에게 그 트릭을 설명해주었다. "숫자 네 개를 더해, 그 숫자에다 그 다음에 나오는 9의 배수가 되도록 어떤 수를 더해봐. 그때 더하는 수가 바로 거기 빠져 있는 다섯 번째 수가 되는 거야."

크리스토프는 면밀하게 검토를 했다. "내 숫자들을 더한 값은 1+2+3+4=10이네요. 그 다음 9의 배수는 18이고, 10에다 더해서 18이 되는 수는 8이네요. 정말 그래요!"

이제 아내도 호기심을 갖고 달려들었다. "내게 한 번 설명해봐요."

"이게 어떻게 되는 거냐면, 동일한 숫자들로 이루어진 두 수 간의 차이는, 그것들이 어떤 순서로 배열되어 있든, 언제나 9의 배수가 되는 거야. 그 수의 숫자들을 모두 합한 수도 9의 배수가 되지."

"그걸 가로 합계라고 하죠?" 크리스토프의 논평이었다.

"그렇지. 9의 배수에 있어서는 가로 합계도 9의 배수야. 그러니까 우리가 찾는 다섯 번째 숫자를 합치면 9의 배수가 나와야 해."

"항상 그래요?" 마리아가 물었다. "딱 하나 문제가 있어. 찾는 숫자가 0일 때가 문제지. 그러면 그게 0인지 9인지 알 수 없게 되는 거야." "그럼 어떻게 해요?"

"음, 처음부터 간단하게 금지 조항을 달면 되지. 그러니까 너희들은 그 숫자들 중 하나에 동그라미를 치되, 0에는 동그라미를 치면 안 된다고 말하면 되는 거야. 왜냐하면 0은 이미 '동그라미'니까."

"자, 이제 다시 카드놀이 하자." 아내가 말했고, 아무도 반대하지 않았다.

사각형의 실용적이고 난처한 게임
— 단어 퍼즐

60강

이 스도쿠에서 인쇄체로 씌어진 수들은 미리 주어져 있다. 그리고 필기체로 적힌 수들은 '시작을 돕는' 역할을 한다. 그러면 나머지 칸에 숫자를 채워서, 모든 가로줄과 모든 세로줄, 모든 구역에 1부터 9까지의 수들이 딱 한 번씩만 나오게 할 수 있을까?

6	7	8	6	5			9	
4		9	7		1		8	2
		4	8	2			7	6
		4	7	2	9	8	3	1
7	8	2	1		3	5	6	
1	3	9	8			2	5	7
4	2		3	9	8	6		5
8		5	2				4	
3			5		1		2	8

어떤 사람들은 정사각형에서 거역할 수 없는 매력을 느낀다. 특히 사각형이 여러 칸으로 나뉘어 있을 때 더 그렇다. 단어 퍼즐 게임이나 '틱-택-토(가로 세 줄, 세로 세 줄의 사각형을 그려놓고 두 사람이 교대로 O와 X를 그려 나가면서 먼저 가로줄, 세로줄, 대각선 중 한 방향으로 연달아 세 개의 O나 X를 그리는 사람이 이기는 게임.—옮긴이)'나 스도쿠(마방진을 활용한 일본의 퍼즐 게임.—옮긴이)에서처럼. 이 마니아들은 빈 칸을 보면 연필을 하나 손에 쥐고 열병에 걸린 듯 글자나 숫자들을 적어나가고, 그것이 다 채워졌을 때에야 안도의 한숨을 내쉰다.

많은 수학자들도 정사각형의 마력에 빠졌다. 특히 '마방진'은 커다란 매력을 발산한다. 마방진에는 다양한 크기가 있다. 가장 작은 것은 가로 세 줄과 세로 세 줄, 그러니까 총 9개의 칸으로 이루어져 있다. 그때 과제는 이 빈 칸들 안에 1에서 9까지의 숫자를 넣되, 각 가로줄과 각 세로줄의 합계가 언제나 같은 수가 되도록 만드는 것이다.

마방진은 4,000년도 더 이전에 중국에서 거북이 등에 씌어졌다고 한다. 이 '낙서洛書'의 가장 윗줄에는 4, 9, 2가, 중간 줄에는 3, 5, 7이, 가장 아랫줄에는 8, 1, 6이 적혀 있다. 모든 가로줄과 세로줄의 합은 각각 15가 된다.

화가 알브레히트 뒤러Albrecht Durer는 〈멜랑콜리아Melancholia〉라는 판화에서 네 개의 가로줄과 네 개의 세로줄, 총 16칸으로 된 마방진을 만들었다. 이 교묘한 정사각형에서는 맨 아랫줄 중간에 15와 14가 나오는데, 이는 바로 이 판화가 만들어진 1514년을 뜻하는 것이다.

스위스의 수학자 레온하르트 오일러Leonhard Euler(1707~1783) 역시 마방진에 열광했다. 그는 이른바 라틴 방진을 연구했다. 이런 이름이 붙은 이유는 예전에는 각 칸에 숫자 대신 라틴어 철자들을 채워 넣었기 때문이다. 라틴 방진은 네 개의 가로줄과 네 개의 세로줄로 이루어져 있다. 그 16개의 칸 안으로 숫자 1, 2, 3, 4를 적어넣어야 한다. 각 숫자를 네 번씩만 사용해서, 각 줄과 각 항에서 모든 수가 딱 한 번씩만 나오도록 하는 것이다. 이것 자체는 그릇세 어렵지 않다. 예를 들어서 첫 줄에는 1, 2, 3, 4를 적을 수 있고, 그 다음 두 번째 줄에는 2, 3, 4, 1을, 세 번째 줄에는 3, 4, 1, 2, 그리고 마지막으로 네 번째 줄에는 4, 1, 2, 3을 적으면 된다.

그러나 오일러는 라틴 방진의 쌍에 흥미를 가졌다. 이들은 소위 그레코-라틴 방진이라고 부른다. 그가 이 문제에 관심을 가진 것은 군사 분야에서 등장하는 문제와 관련이 있기 때문이다. 6개의 연대와 6개의 계급이 있다고 가정하면, 각 연대와 각 계급을 조합하여 총 36명의 장교들을 도열시킬 수 있다. 문제는 이 36명의 장교들을 6×6의 사각형 전투대형으로 배치할 때, 각 가로줄과 각 세로줄에 모든 연대와 모든 계급이 정확히 한 번씩만 등장하도록 할 수 있는가라는 것이다.

오일러는 이 문제를 6개의 연대와 6개의 계급의 경우에 대해서만 제기한 것이 아니라, n개의 연대와 n개의 계급으로 확대했다. 오일러는 대부분의 경우 배치를 완성할 수 있었는데, n=6인 경우는 성공하지 못했다. 20세기에 들어서야 이 문제는 최종적으로 해결되었다. 그 해답은 다음과 같다. 그것은 불가능하다!

스도쿠의 아이디어는 간단한 라틴 방진에 기초해 있다. 9개의 가로줄과 9개의 세로줄을 가진 라틴 방진을 만드는 일은 간단하다. 거기에 4개의 줄을 더 그어서, 이것을 3×3의 정사각형, 이른바 구역 9개로 나누면 그보다 좀더 어려워진다. 1부터 9까지의 수를 넣어서 각 줄과 각 항에, 그리고 각 구역에 1부터 9까지의 숫자가 한 번씩만 나오도록 만드는 것이다.

스도쿠는 상당히 치사하다. 왜냐하면 거기에 숫자가 몇 개 미리 적혀 있고, 그래서 정사각형을 채우는 일이 상당히 쉬운 것처럼 우리를 유혹하지만, 실상은 지극히 까다롭기 때문이다. 한 번 직접 해보기 바란다!

컴퓨터는 모든 것을 알 수 있을까?　61강

쿠르트 괴델Kurt Godel은 '참됨'과 '증명 가능함'을 분명하게 구별했고, 이를 통해 컴퓨터에 한계를 규정했다. 2006년 4월 28일은 이 위대한 수학자의 탄생 100주년이 되는 날이다.

이 장의 제목에 나오는 질문은 컴퓨터가 나오기 오래 전에 이미 대답되었다. 그것도 분명한 부정으로. 어떠한 컴퓨터도 모든 것을 알 수는 없다.

그러나 컴퓨터 생산자들의 낙관주의는 끝이 없다. 지난 30년 이상이나 경험적으로 입증되었던 '무어의 법칙'에 따르면, 컴퓨터의 성능은 18개월마다 두 배가 된다고 한다. 연구자들은 양자 컴퓨터, 신경 컴퓨터, DNA 컴퓨터를 꿈꾼다. 대체 그 누가 이 모든 발전에 앞서서 그렇게 부정적인 판결을 내리고 컴퓨터에 한계를 지정할 수 있을까?

수학자들은 그럴 수 있다. 그들이 증명하는 정리들을 통해서.

콘라트 추제Konrad Zuse가 컴퓨터를 발명하기 12년 전인 1931년 젊은 오스트리아 수학자 쿠르트 괴델은 컴퓨터가 모든 것을 알 수는 없다는 사실을 보여주었다. 괴델은 물론 직접 컴퓨터를 언급하지는 않았다. 컴퓨터가 발명되기 전인데 어떻게 그럴 수 있었겠는가? 그는 '형식적으로 미결정인 명제들'에 대해서 말한 것이다. 그 작업을 통해 괴델은 단번에 사상 최고 논리학자의 반열에 올라섰다.

괴델의 정리는 우선 당시 지도적이던 수학자 데이비드 힐버트

David Hilbert(1862~1943)의 학문 프로그램 전체를 전복시켰다. 수학자들의 위대한 목표는 언제나 '완전한 이론들'을 발전시키는 것이었다. 예를 들어 수의 이론이나 기하학의 이론들 말이다. 하나의 이론 안에서 정식화할 수 있는 명제들은 모두 이 이론 자체를 수단으로 하여 증명되거나 반박될 수 있다는 것이 그들의 생각이었다. 결국 우리가 오직 공리들을 적절하게 선택하기만 한다면, 모든 명제들은 엄밀하게 증명되거나 아니면 반례에 의해 불합리한 것으로 입증되리라는 믿음이었다.

이는 쿠르트 괴델이 1931년 그의 논문 〈수학원론과 그 유사 체계들의 형식적으로 미결정적인 명제들에 대하여〉를 발표할 때까지는 순조롭게 굴러갔다. 그러나 이 논문은 완벽한 이론에 대한 꿈을 단칼에 파괴해버렸다.

그러니까 괴델은 모든 이론에 있어서 그 이론 내부의 수단들을 가지고 증명도, 반증도 될 수 없는 그러한 명제들의 존재를 정식으로 증명해낸 것이다.

이는 일반적으로 '참임'과 '증명 가능함'이 같은 뜻이 아니라는 사실을 의미한다. 그러니까 참이지만 증명될 수 없는 명제들이 존재한다. 한 이론의 참된 명제들은 경우에 따라서는 그보다 더 포괄적인 이론 내에서 증명할 수 있으나, 바로 그 더 포괄적인 이론 내부에서 증명도 할 수 없고 입증도 할 수 없는 명제들이 또다시 존재하고, 이렇게 무한히 계속된다.

괴델의 정리는 충격 그 자체였다. 한 이론의 자연스러운 목표, 즉 어떤 명제가 타당하고 어떤 명제는 그렇지 않은지를 증명한다는 그 목표가 결코 달성될 수 없다는 의미였기 때문이다. 이는 인간의 무능함에서 기인하는 것이 아니라, 사태 자체의 본성상 그러하다.

그러나 우리는 괴델의 정리를 다르게도 해석할 수 있다. 거대한 슈퍼컴퓨터를 상상해보자. 인류의 모든 지식을 저장할 수 있는 그러한 컴퓨터를. 이 컴퓨터는 물론 수, 기하학, 그리고 모든 수학적 사실과 증명 방식에 통달했을 것이다. 그러나 이것으로도 충분하지 않다. 그 컴퓨터는 언제나 새로운 것을 배울 것이고, 이미 존재하는 지식과 방법으로부터 새로운 지식을 추론해낼 것이다. 그는 그로부터 다시 새로운 지식들을 얻기 위해 이 새로운 지식을 이용할 수 있을 것이다. 이는 끝이 없는 과정이다.

다소 으스스한 상상이라고? 걱정하지 않아도 좋다. 한 가지만은 분명하기 때문이다. 그러한 컴퓨터가 있다고 하더라도 결코 모든 것을 알 수는 없다. 괴델의 정리에 따르면, 이 컴퓨터가 만들어내기는 하지만 결코 증명할 수도 반증할 수도 없는 명제들이 존재하기 때문이다.

소시지 둘레의 사인 곡선

소시지조차 수학적인 측면을 가진다. 소시지를 비스듬히 자르고 그 껍질을 벗겨내면, 벗겨진 껍질은 사인 곡선 을 이룬다.

대학에서의 연구 때문에 나는 가족과 함께 두 번 이사를 해야 했다. 아이들은 극렬하게 반대했다. 그렇다고 아이들이 어떻게 해볼 수 있는 문제가 아니었다. 그래서 아이들은 가끔씩 내가 말도 걸 수도 없을 정도로 뾰로통해지는 것으로 자신의 반대 의사를 표명하곤 했다.

어느날 저녁 나는 아들과 함께 식탁 앞에 앉아 있었다. 우리는 이미 식사를 마쳤지만 그 자리에 계속 웅크리고 있었던 것이다. 그때 크리스토프가 한숨을 쉬었다. "여기에 이사 와서 마음에 드는 것이라고는……" 아이는 잠깐 쉬었다가 말을 이었다. "소시지뿐이에요."

나는 그런 말을 들으리라고는 생각하지 못했지만, 그래도 아이가 좋아하는 것이 하나라도 있다는 사실에 위안했다. 나는 아이가 좋아하는 그것을 관찰했다. 아주 평범한 소시지였다. 둥글게 말린 것이 아닌, 똑바로 뻗은 소시지.

나는 대화를 계속 이어가고자 시도했다. "정육점에 가면 소시지가 때때로 비스듬하게 썰려 있지. 왜 그런지 아니?"

크리스토프는 고개를 끄덕였다. "그래야 잘라낸 소시지가 더 크다고 생각할거 아녜요. 실제로는 더 작지만!"

"그러면 비스듬히 썬 소시지는 얼마나 더 작을까?"

"소시지 한 쪽만 더 썰어주세요!"

아들의 기분을 살려주기 위해서 못할 일이 무엇이겠는가. 나는 한 조각을 잘라내 크리스토프의 접시 위에 얹어놓았다. 물론 나는 거기에 물음 한 가지를 추가로 얹었다. "그렇다면 이건 어떤 형태인지 아니?" "원은 아닌데, 그래도 어쨌든 둥근데요. 계란처럼요."

"계란은 한쪽은 좀더 둥글고 한쪽은 좀더 뾰족하지. 이 모양도 그럴까?" "해보면 되죠." 크리스토프는 대답했다.

나는 칼을 들고 다시 한 번 조심스레 소시지를 얇게 썰어 크리스토프의 접시 위에 놓았다. "같아요!" 아이는 확신에 차서 말했다.

대체 그게 무슨 말일까?

"'같다'는 게 무슨 말이니?" "오른쪽과 왼쪽, 위와 아래." 아이는 그렇게 대답했다.

내가 확인을 해주었다. "그러니까 이건 오른쪽과 왼쪽, 그리고 위와 아래 모두 같은 곡선을 가지고 있어. 그러니까 대칭이지. 수학자들은 이러한 형태를 타원이라고 불러."

나는 그 소시지의 중간을 잘라서 오른쪽 절반을 왼쪽 절반위에 얹어 두 개가 정확하게 일치하게 만들었다. "학교에서 타원에 대해 배웠어요. 그건 태양계와도 관련이 있다던데요." 크리스토프는 입에 소시지를 가득 넣고 우물거리며 말했다. 타원 소시지는 이미 본래의 존재 목적을 충족시키고 있었던 것이다.

"지구는 태양 주위의 타원형 궤도를 돌고 있어." 내가 아이의 기억을 떠올려주었다.

"다른 혹성들도 그래요." 아이는 다시 입맛을 다시며 말했다. 아이는 여기에 대해서 더 많이 알고 있는 것 같았다.

그렇지만 나 역시 거기에 한 가지 덧붙일 수 있었다. "우리가 이 소시지를 종이 위에 굴린다고 생각해봐. 그리고 그 타원이 종이에 닿는 점들을 계속 표시한다고 해보자."

"안 돼요." 아이는 항의하면서 내 앞에서 소시지를 빼앗아갔다. "아직 더 먹어야 한단 말이에요."

"아니, 그냥 상상해보자는 거야!" 나는 아이를 진정시켰다.

크리스토프는 생각하기 시작했다. "그럼, 점들이 많이 생기는데요. 그리고 그 점들을 이으면 선이 돼요."

"그게 어떤 선이 될까?" 어려운 질문이라는 사실은 나도 인정한다.

크리스토프는 그리 오래 고민하지 않고 대신 칼을 들어서, 내가 말리기도 전에 가장 아랫부분의 소시지 껍질을 잘라서 벗겨내버렸다. 아이는 껍질 전체를 면밀하게 벗겨냈다. 아이는 껍질을 자기 접시 위에 놓고 그것을 깨끗하게 닦아냈다. 그러고는 활짝 웃으며 손을 휘저었다. "진동이요."

"잘했어!" 나는 아이를 칭찬했다. "수학자들은 이런 진동을 '사인 곡선'이라고 불러. 그러니까 이것이 한 번만 진동하는 게 아니라 두 번 세 번, 아니 계속 진동하는 것을 상상하면 되는 거야."

"그러려면 소시지가 많이 필요하겠는데요." 아이는 활짝 웃었다.

주사위는 어떻게 축구공이 되었는가 63강

여러분은 상상력이 풍부한가? 만일 신발 밑창처럼 생긴 패널들을 확대하여 정사각형이 되도록 하고, 그 사이에 있는 세 갈래로 갈라진 부분들을 압축한다면, 월드컵 공인구는 주사위 모양으로 변하게 된다.

크리스토프가 2006년 월드컵 공인구를 보자마자 보인 첫 반응은 이렇다. "대체 이 계란은 뭐지?"

나는 아이가 무슨 말을 하려는 것인지 이해하지 못했다. "이 공은 구 모양이지 계란 모양이 아니잖아!"

아들이 대답했다. "지금까지도 축구공이 구처럼 완전히 둥근 적은 한 번도 없었죠. 하지만 지금까지는 최소한 제대로 된 모양을 가지고 있었거든요." "'제대로' 라고?" "예. 그러니까 각 부분들이 제대로 꿰매져서 만들어졌다는 말이에요."

"물론 그렇지." 나는 기억을 더듬었다. "육각형과 오각형들로 만들어졌지." "맞아요. 그런데 이제는 그 부분들이 이렇게 웃긴 모양으로 변해버렸어요."

그 다음날 우리는 스포츠 용품점으로 갔다. 우리는 곧바로 축구공이 담긴 바구니로 향했다.

나는 공을 하나 집어 들고 잘난 척하면서 말했다. "자. 보여? 실제로 공은 오각형하고 육각형으로 만들어져 있고, 웃기게 생긴 부분은 그냥 그 위에 그려진 것뿐이야!"

그러나 그 방면에선 크리스토프가 더 전문가였다. "그건 싸구려 공이에요. 발락은 그런 공은 건드리지도 않을 걸요. 이런 싸구려 공이나 그 괴상한 무늬를 '그리는' 거예요."

아이는 주위를 둘러보고는 말했다. "여기요!" 아이는 별도로 진열된 공을 가리켰다. 그 공은 정말로 오각형과 육각형으로 이루어진 것이 아니었다.

"이건 월드컵 공인구입니다. '팀가이스트'라고 부르죠." 점원이 설명해주었다. 이어서 크리스토프가 내게 설명했다. "여기에서는 이 모양이 공 표면에 그려진 것이 아니에요. 이 괴상한 부분들을 이어서 만든 공이라구요."

나는 다시 대화의 주도권을 찾아왔다. "그게 어떤 부분들일까?"

"신발 밑창처럼 보이는데요." 크리스토프는 정말로 이 공을 좋아할 수 없는 것처럼 보였다.

점원이 끼어들었다. "이 부분을 '패널'이라고 불러요."

"그럼, 패널이 몇 개나 있는 거지?"

간단한 질문이었다. 크리스토프는 그 무늬 중 하나는 위에, 하나는 아래에, 하나는 앞에, 하나는 뒤에, 하나는 오른쪽에, 하나는 왼쪽에 오도록 공을 들고는 말했다. "여섯 개요."

"공은 이 부분들로만 이루어져 있니?" 나는 끈질기게 물었다.

크리스토프는 다시 한 번 공을 찬찬히 바라보았다. "그 사이에 이 세 갈래 무늬가 있네요." 점원조차 그건 알지 못하고 있었다. 점원은 그것을 뭐라고 부르는지 몰랐다. 나는 포기하지 않았다. "그러면 이 세 갈래 무늬는 몇 개나 있니?"

잠깐 함께 조사를 해보니 결과가 나왔다. "여덟 개요."

그때 내게 어떤 생각이 떠올랐다. "6과 8이라는 숫자가 등장하는 기하학적인 물체에는 뭐가 있을까?"

크리스토프와 점원이 나를 얼이 빠진 듯 바라보았다.

나는 좀더 쉽게 질문했다. "그러니까 6이라는 숫자가 들어간 기하학적인 물체, 예를 들어서 면이 여섯 개인 물체가 뭔지 알겠어?"

크리스토프는 안됐다는 듯이 나를 바라보았다. "주사위 말씀하시는 거예요?" "그러면 주사위에서 8이라는 숫자도 나오니?" "당연하죠! 꼭짓점이 여덟 개잖아요!"

크리스토프는 더이상 말을 하지 않고 공을 들고 살펴보았다. 나는 아이가 이제 제대로 이해하고 있다는 것을 알 수 있었다. 크리스토프는 곰곰이 생각하다가 말했다. "그러니까 아빠 말씀은, 이 세 갈래 무늬가 주사위의 꼭짓점이고, 이 신발 밑창은 그 면들이었다는 거예요?"

내가 조금 더 도와주었다. "세 갈래 무늬가 줄어들고, 패널들이 그만큼 늘어난다면……."

"그러면 이 공 전체가 점점 각진 모양이 될 테고," 크리스토프가 내 말을 끊으면서 열정적으로 말했다. "그러면 정말로 주사위가 되겠네요."

아이는 나를 바라보았다. 거기에는 그 구조에 대한 열광과 함께 수학자들의 괴상함에 대한 깨달음이 뒤섞여 있었다. "수학에서는 상상력이 참 많이 필요하네요!"

어떻게 부자가 될 수 있을까 64강

이 이야기를 듣는다면 스크루지 아저씨는 눈을 반짝일 것이다! 무한에서는 부자가 되는 것이 아주 쉽다. 다만 인내심을 가지고 손을 벌리고 있기만 하면 된다.

누구나 돈이 많기를 원한다. 돈이 인간 행위에 있어 유일한 원동력인지에 대해서는 토론의 여지가 있으나(나는 그렇지 않다고 생각하지만), 어쨌든 돈이 충분히 있다면 편안한 것만은 사실이다.

그리고 일하지 않고 돈을 얻을 수 있다면 참 좋을 것이다. 가장 이상적인 것은 돈이 저절로 손에 가득 채워지는 상상일 것이다.

정신이 나갔다고? 몽상이라고? 신기루라고? 그렇기도 하고 아니기도 하다. 왜냐하면 수학은 그것이 가능하다는 것을 실제로 보여주었기 때문이다. 여러분은 무한하게 부자가 될 수 있다. 심지어 다른 사람이 조금도 가난해지지 않고.

물론 그것은 다음과 같은 조건 하에서만 이루어진다. 무한히 많은 돈이 세상에 있어야만 한다. 그러니까 무한히 많은 1유로짜리 동전이라고 해두자. 17억 개의 동전(독일에서 유로화를 도입할 당시 처음 발행했던 1유로 동전의 수이다)이 아니라, 정말로 무한히 많은 동전. 그렇기 때문에 지금부터 말하는 것은 다만 사고 실험일 뿐이다. 아쉽게도.

그렇다면 그것은 쓸모 있는 기술이 아니라고 여러분은 말하리라! 하지만 내 생각에는 그래도 그것은 하나의 기술임에는 분명하다.

사람들도 무한히 많다고 상상해보자. 이 사람들이 모두 일렬로 서 있고, 모두가 1유로를 손에 들고 있다. 이제 여러분은 그 앞에 서서 손을 내민다. 그러면 그 믿을 수 없는 기적이 생겨난다. 여러분은 계속해서 1유로씩을 받게 되는데, 그때 다른 사람들은 아무것도 잃어버리지 않는다.

그건 이렇게 일어나는 일이다. 줄의 맨 처음에 서 있는 사람이 여러분의 은근한 요구에 따라서, 여러분에게 동전을 내놓는다. 그러면 이 사람은 아무것도 갖지 않게 되겠지만, 다만 잠시 동안만 그렇다. 왜냐하면 그 줄의 두 번째 서 있는 사람이 첫 번째 사람에게 자기의 동전을 넘겨주기 때문이다. 그러고 나면 세 번째 사람은 두 번째 사람에게 자기 동전을 주고, 이렇게 계속 진행된다. 그래서 그 줄의 모든 사람이 1유로를 가지고 있게 된다. 자기 동전을 앞 사람에게 주자마자 다음 사람에게서 동전을 받기 때문이다.

이제 아마도 여러분은 반대 의견을 내놓을지도 모른다. "대체 1유로 따위가 내게 무슨 소용이 있어? 그걸로 살 수 있는 건 아무것도 없는데."

그렇지만, 여러분이 계속 손을 벌리고 있다면 어떨까? 첫 번째 사람은 1유로를 다시 여러분에게 넘겨주고, 두 번째 사람에게서 다시 1유로를 받나. 두 번째 사람도 마찬가지이다.

그리고 여러분은 세 번째로, 또 네 번째로 손을 벌린다. 그런 일이 한 차례 진행될 때마다 1유로씩을 얻게 되는데, 그때 여러분이 특별히 할 일이라고는 아무것도 없다.

나는 분명히 말했다. 그 줄에 있는 그 누구도 더 가난해지지 않는다. 여러분은 그저 손만 벌리고 있으면 점점 더 부자가 된다! 그러니까 이 시스템은 말하자면 물 흐르듯이 유로화를 뱉어내는 것이다.

우리는 이 사고 실험을 더 발전시킬 수 있을 것이다. 여러분만이 부자가 되는 것이 아니라 여러분의 가족과 친구들도 부자가 될 수 있다. 그건 아주 간단하다. 처음 유로화를 받고 나서, 두 번째에는 여러분의 아내가 앞으로 나오고, 그 다음에는 딸이, 그 다음에는 제일 친한 친구가 나온다. 그리고 모두 동전을 받고 나면 다시 여러분이 맨 앞으로 나온다.

이 사고 실험은 매우 탁월한 방식으로 무한집합의 특징들을 보여준다. 독일의 수학자 게오르크 칸토르Georg Cantor(1845~1918)는 처음으로 무한집합을 체계적으로 연구했다. 무한에서는 많은 것들이 완전히 달라진다. 왜냐하면 무한집합을 가지면 우리는 훨씬 넉넉하게 행동할 수 있기 때문이다. 그러니까 만일 우리가 어떤 물체를 빼더라도 그 집합의 크기는 변하지 않는다. 이에 대해서 어떤 사람들은 "무한 빼기 1은 (여전히) 무한이다"라고 말하고 그것을 '$\infty - 1 = \infty$'이라고 표현한다.

무한집합으로부터 아무리 많은 것들을 빼내더라도, 그러니까 수천 개나 수만 개나 1,024개를 뺀다고 하더라도 집합은 언제나 동일한 크기로 남아 있다. 유한한 수의 원소들을 빼내기만 한다면. 그러니까 $\infty - 1024 = \infty$ 도 성립하는 것이다. 믿기 어려운 일이지만 수학적으로는 참이다. 그렇지만 유감스럽게도 다만 무한에서만 그렇다.

옮긴이 **김태희**

1967년 서울에서 태어나 서울대학교 철학과를 졸업하고 독일 본 대학에서 철학 석사 학위 를 받았다. 서울대학교에서 에드문트 후설의 현상학에 대한 연구로 철학 박사 학위를 받았 다. 서울대, 경희대 등에서 현대 서양사상과 윤리학 등을 강의하고 있다. 옮긴 책으로《생각 없이 살기》《시간 추적자들》《괴벨스, 대중 선동의 심리학》《인간이라는 야수》《축구란 무엇 인가》《행복부터 가르쳐라》등이 있다.

생활 속 수학의 기적

개정판 1쇄 펴낸날 2017년 9월 25일
개정판 3쇄 펴낸날 2023년 1월 21일

지은이 | 알브레히트 보이텔슈파허
옮긴이 | 김태희
펴낸이 | 지평님
본문 조판 | 성인기획 (010)2569-9616
종이 공급 | 화인페이퍼 (02)338-2074
인쇄 | 중앙P&L (031)904-3600
제본 | 서정바인텍 (031)942-6006

펴낸곳 | 황소자리 출판사
출판등록 | 2003년 7월 4일 제2003-123호
주소 | 서울시 종로구 송월길 155 경희궁자이 오피스텔 4425호
대표전화 | (02)720-7542　팩시밀리 | (02)723-5467
E-mail | candide1968@hanmail.net

ⓒ 황소자리, 2008

ISBN 979-11-85093-60-4　03410